"十四五"职业教育化工技术类专业群新形态教材

化工单元操作（上）

主　编　贾金锋　张娟娟
副主编　张晓磊　张　欢　李艳艳
参　编　冯晓慧　隗小山　曾　伟
　　　　曹法凯　刘文虎　段有福
　　　　王玉雪　季　欣　郭文涛

特配电子资源

微信扫码
● 教学课件
● 视频学习
● 延伸阅读

南京大学出版社

图书在版编目(CIP)数据

化工单元操作. 上 / 贾金锋，张娟娟主编. -- 南京 ：

南京大学出版社，2024.8. -- ISBN 978 - 7 - 305 - 28138 - 9

Ⅰ. TQ02

中国国家版本馆 CIP 数据核字第 2024JK2903 号

出版发行　南京大学出版社

社　　址　南京市汉口路 22 号　　　　　邮　　编　210093

书　　名　化工单元操作(上)
　　　　　HUAGONG DANYUAN CAOZUO (SHANG)

主　　编　贾金锋　张娟娟

责任编辑　高司洋　　　　　　　　　编辑热线　025 - 83592146

照　　排　南京开卷文化传媒有限公司

印　　刷　盐城市华光印刷厂

开　　本　787 mm×1092 mm　1/16　印张 13.5　字数 341 千

版　　次　2024 年 8 月第 1 版　2024 年 8 月第 1 次印刷

ISBN 978 - 7 - 305 - 28138 - 9

定　　价　42.00 元

网　　址：http://www.njupco.com

官方微博：http://weibo.com/njupco

微信服务号：njuyuexue

销售咨询热线：(025)83594756

前　言

　　高等职业教育是我国高等教育的重要组成部分,肩负着为经济社会建设与发展培养人才的使命,也是我国职业教育体系中的高层次教育,包括高等职业专科教育、高等职业本科教育、研究生层次职业教育。高等职业教育是以培养具有一定理论知识和较强实践能力、面向基层、面向生产、面向服务和管理第一线职业岗位的实用型、技术技能型人才为目的的职业技术教育,与学科型普通高等教育在人才培养的模式、手段、途径、方法以及目的等诸多方面存在显著差异。

　　本书在充分考虑传统的学科知识教育弊端、职业教育的本质内涵、职业素质等方面的基础上,以岗位典型工作任务为基础,从知识与技能这两个角度学习生产设备认知、生产工艺流程认知、生产工艺参数选择、生产原理、设备操作、故障分析与排除以及设备的维护等。内容上主要包括六个部分,分别是绪论、流体物料的输送、传热技术、蒸发技术、结晶技术、附录。每个学习项目通过任务导入,每个任务又由若干个子任务组成,使学生通过实施任务,探索过程原理、设备结构、操作规范等。项目后配有自测练习,方便学习者自我检测和总结提高。同时,书中配套有电子资源,可丰富学生的学习体验,激发学生的学习兴趣。本书可作为高职高专化工技术类、应用化工类、药品类等专业及相关专业的教材,也可作为化工职业资格培训教材及化工等相关企业人员的参考书。

　　参与本书编写的有湖南石油化工职业技术学院的贾金锋、张娟娟、张晓磊、冯晓慧、隗小山、曾伟、曹法凯、刘文虎、段有福、王玉雪,延安职业技术学院的张欢,青海职业技术大学的李艳艳、季欣、郭文涛。

限于编者水平,书中的问题和错误在所难免,感谢广大师生和各位读者的支持,敬请批评指正。

编　者

2024 年 7 月

目　录

绪 论

任务一　了解化工生产过程与单元操作

一、化工生产过程

化学工业、石油化学工业、医药工业及轻工、食品、冶金等工业,尽管它们所生产的产品种类、加工方法、工艺流程以及设备等并不完全相同,甚至相差很大,但这些生产过程却具有一些共同的特点。将原料大规模进行加工处理并生成新的、符合要求的产品,其中加工处理过程的核心是化学反应过程,若要使反应过程经济有效地进行,必须为化学反应提供足够的条件(如适宜的温度、压力和物料的组成等),这就是化工生产过程(如图0-1、图0-2所示)。因此,原料必须预先经过一系列的处理以除去杂质,达到必要的纯度、温度和压力,这些过程统称为原料的预处理。反应产物同样需要通过各种处理过程加以精制,以获得最终产品,这些过程统称为产品的后处理。

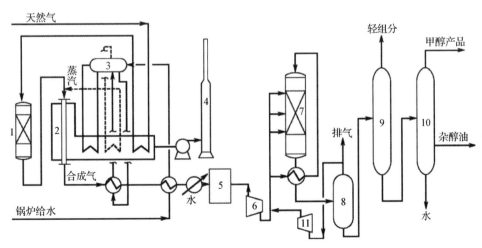

1—脱硫反应器;2—蒸汽转化炉;3—汽包;4—烟囱;5—净化系统;6—合成气压缩机;
7—甲醇合成塔;8—分离器;9—脱轻组分塔;10—精馏塔;11—压缩机。

图0-1　乙二醇生产流程图

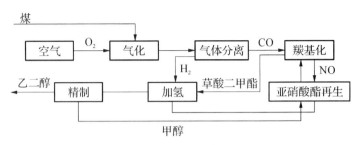

图 0-2　天然气制甲醇工艺流程

按照操作原理,化工产品生产过程中的物理加工过程可归纳为应用较广的数个基本操作过程。例如,乙醇乙烯及石油化工等生产过程中,都采用蒸馏操作分离液体均相混合物,所以蒸馏为基本操作过程。又如,盐酸、硝酸、硫酸等生产中,都采用吸收操作分离气体均相混合物或生产产品,所以吸收为一基本操作过程。又如,尿素、聚氨乙烯及燃料等生产过程中,都采用干燥操作以除去固体中的水分,所以干燥也是基本操作过程。此外,还有流体输送,不论用来输送何种物料,其目的都是将流体从一个设备输送到另一个设备;加热与冷却的目的都是为了得到所需要的操作温度。这些基本操作过程都是基于物理和化学的原理,称为化工单元操作,简称单元操作。所以说,化工生产过程都是由化学反应过程和若干单元操作过程组合而成。

化工生产过程中不同的加工过程是在不同设备中完成的。化学反应在反应器内完成,而每个单元操作是在特定的设备中完成,如蒸馏操作在蒸馏塔内完成,吸收操作在吸收塔内完成,干燥在干燥器内进行等。不同的单元操作设备其结构有很大的不同,分别为相应的单元操作过程提供必要的条件,使过程有效地进行。在操作过程中,需要进行操作控制,根据规定的操作指标调节物料的进、出口流量以及温度、压力、浓度及流动状态等,使操作能以适当的速率进行,得到规定的合格产品或中间产品。

二、化工单元操作的分类

根据化工单元操作的原理和功用不同,化工单元操作可分为以下三类,见表 0-1。

表 0-1　常用的化工单元操作

类别	名称	功能与用途
流体流动过程 （动量传递过程）	液体输送 固体流态化	将流体从一个设备送到另一个设备、提高或降低流体的压力
	沉降与过滤	从非均相混合物中分离悬浮的固体颗粒、液滴或气泡
传热过程 （热量传递过程）	传热	升温、降温或改变相态
	蒸发	使非挥发性物质中的溶剂汽化,溶液增浓
	冷冻	将物料温度冷却到环境温度以下
	结晶	利用冷却或溶剂汽化的方法使溶液达到过饱和而析出溶质晶体

类别	名称	功能与用途
传质过程 （质量传递过程）	干燥	使固体湿物料中所含湿分汽化除去
	蒸馏	利用组分的挥发度的不同,分离均相混合液体
	吸收	利用气体在液体溶剂（吸收剂）中溶解度不同,分离气相混合物
	萃取	利用液体在液体溶剂（萃取剂）中溶解度不同,分离液相混合物
	吸附	利用组分在固体吸附剂上吸附量不同,分离气相或液相混合物
	膜分离	利用固体或液体的膜来对气体或液体混合物实现选择性透过分离

根据操作方式的不同,单元操作可以分为连续操作和间歇操作两种。根据操作过程参数的变化规律,单元操作可分为定态操作和非定态操作两种形式。

定态操作是指在操作过程中有关的温度、压力、流速等物理参数仅随位置变化,而不随时间变化的操作。化工厂内的连续生产通常属于定态操作,其特点是过程进行的速率是稳定的,系统内没有物质或能量的积累。

非定态操作是指在操作过程中有关物理参数既随位置变化,又随时间变化的操作。通常的间歇操作为非定态操作,其特点是过程进行的速率是随时间变化的,系统内存在物质或能量的积累。

任务二　了解单元操作中的基本计算

一、物料衡算

根据质量守恒定律,进入某一化工过程系统的物料总质量等于离开该系统的物料质量与积累于该系统的物料质量之和,即:

$$输入量＝输出量＋积累量$$

对于连续操作过程,若各物理量不随时间改变,即处于稳定操作状态,过程中没有物料积累,则物料衡算关系为:

$$输入量＝输出量$$

进行物料衡算时,首先按题意画出简单流程示意图,并用虚线框出衡算范围(在工程计算中,可以根据具体情况以一个生产过程或一个设备,甚至设备某一局部作为衡算范围);其次确定衡算基准,一般选用单位进料量或排料量、单位时间及设备的单位体积等为衡算基准;最后列出衡算式,求解未知量。

二、能量衡算

本教材中用到的能量主要有机械能和热能。能量衡算的依据是能量守恒定律,用以确定进、出单元设备的各项能量间的关系,包括各种机械能形式的相互转换关系,为完成指定任务需要加入或移走的热量、设备的热量损失等。

三、平衡关系

任何系统都是变化的,其变化必趋于一定方向,如任其发展,在一定的条件下,过程变化必达到极限,即平衡状态。例如,盐在水中溶解时,将一直进行到饱和状态为止;热量会从高温物体传到低温物体,直至两物体的温度相等为止。任何一种平衡状态的建立都是有条件的。当条件改变时,原有平衡状态被破坏并发生移动,直至在新的条件下建立新的平衡。

四、传递速率

任何一个系统若不处于平衡状态,必然会发生使系统趋向平衡的过程。单位时间内过程的变化率称为过程速率,其大小决定过程进行的快慢,其通用表达式如下:

$$过程速率＝\frac{过程推动力}{过程阻力}$$

由于过程不同,推动力与阻力的具体内容各不相同。通常,过程偏离平衡状态越远,过程推动力越大;达到平衡时,过程推动力为零。例如,引起高温物体与低温物体间热量传递的推动力是两物体间的温度差,温度差越大,过程速率越大,温度差为零时,两物体处于热平衡状态,过程速率为零。

五、经济核算

为生产定量的某种产品,根据设备的形式和材料不同,可以有若干设计方案;对同一台设备,所选用的操作参数不同,会影响设备费用与操作费用。因此,要用经济核算确定最经济的设计方案。

任务三　了解混合物组成的表示方法

一、质量分数

质量分数是指在混合物中某组分的质量 m_A 占混合物总质量 m 的比例。

$$\omega_A = \frac{m_A}{m} \tag{0-1}$$

显然,混合物中各组分的质量分数之和等于 1,即 $\sum \omega_i = 1$。

二、摩尔分数

摩尔分数是指在混合物中某组分的物质的量 n_A 占混合物总物质的量 n 的比例。

$$\text{气相：} y_A = \frac{n_A}{n} \quad \text{液相：} x_A = \frac{n_A}{n} \tag{0-2}$$

三、物质的量浓度

物质的量浓度也简称浓度,是指单位体积混合物中某组分的物质的量,用符号 c_i 表示,即：

$$c_i = \frac{n_i}{V} \tag{0-3}$$

四、摩尔比

摩尔比是指混合物中某组分 A 的物质的量 n_A 与惰性组分 B（不参加传质的组分）的物质的量 n_B 之比。

$$\text{气相：} Y_A = \frac{n_A}{n_B} \quad \text{液相：} X_A = \frac{n_A}{n_B} \tag{0-4}$$

五、各组成表示形式间的换算关系

1. 浓度与摩尔分数间的关系

$$x_A = \frac{c_A}{c} \tag{0-5}$$

式中:c 为混合物总浓度。

2. 质量分数与摩尔分数间的关系

$$x_A = \frac{\omega_A/M_A}{\omega_A/M_A + \omega_B/M_B}$$ (0-6)

式中:M_A 为混合物中某组分 A 的相对摩尔质量;M_B 为某组分 B 的相对摩尔质量。

3. 摩尔分数与摩尔比间的关系

$$液相:X = \frac{x}{1-x} \qquad 气相:Y = \frac{y}{1-y}$$ (0-7)

自测练习

一、问答题

1. 什么是化工单元操作?常见的化工单元操作有哪些?

2. 单元操作中物料衡算和能量衡算的依据是什么?

3. 单元操作过程速率的主要影响因素有哪些?请写出过程速率的通式。

4. 平衡关系的作用是什么?

二、计算题

1. 正庚烷和正辛烷混合液中,正庚烷的摩尔分数为 0.4,试求该混合液在 20℃ 下的密度。

2. 干燥器可将含水量为 10%(质量分数,下同)的湿物料干燥至含水量为 0.8% 的干物料,试求每吨湿物料除去的水分。

化工生产过程中所处理的物料多数为流体,主要包括原料、半成品及产品等。按工艺要求在各化工设备和机器之间输送这些物料,是实现化工生产的重要环节。流体是液体和气体的统称,其基本特征是没有一定的形状并具有流动性、可压缩性。液体可压缩性很小,而气体的可压缩性较大。在流体的形状改变时,流体各层之间也存在一定的运动阻力(即黏滞性)。当流体的黏滞性和可压缩性很小时,可将其近似看作理想流体,它是人们为研究流体的运动和状态而引入的一个理想模型。流体流动状态对许多单元操作过程都有很大的影响。

教学目标

知识目标

1. 掌握常用贮罐、管路及输送机械的形式、性能特点、选型、安装及使用方法。

2. 熟悉静力学方程、连续性方程、伯努利方程、流体阻力的计算方法及应用。

技能目标

1. 能选择合适的贮罐、管路、流体输送机械。

2. 能识别管路的组成，能测定流体的压力、液位、温度以及流量。

3. 能进行离心泵、旋涡泵、压缩机等常用流体输送机械的操作。

4. 能对输送过程中的常见故障进行分析处理。

素质目标

1. 形成安全生产、环保节能、讲究卫生的职业意识。

2. 树立工程技术观念，养成理论联系实际的思维方式。

3. 培养敬业爱岗、服从安排、吃苦耐劳、严格遵守操作规程的职业道德。

任务导入

如图 1-1 所示，在橡胶防老剂 RD 的生产过程中，物料的输送包括原料从储罐输送到高位槽、成盐釜、反应釜、中和釜、精馏塔等，同时也包括中间环节的流体输送。

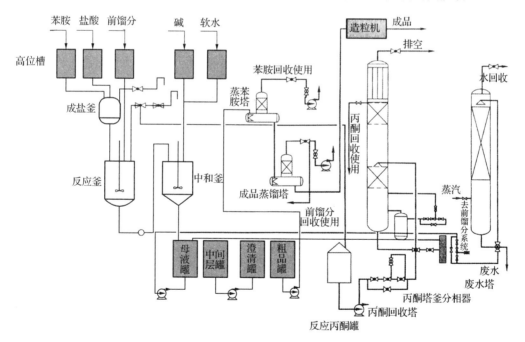

图 1-1　橡胶防老剂 RD 生产工艺流程图

现在要完成橡胶防老剂 RD 生产过程中流体输送方案制定、设备选型和确定操作方法的任务，首先要了解生产工艺流程中物料的性质，主要包括密度、黏度等。解决这个输送问题，需完成的工作任务是：

① 制定原料、中间体以及产品的输送方案。

② 确定输送过程所需补充的能量。

③ 选择输送管子、管件和阀件。

④ 确定输送过程的压力和流量的检测方法和装置。

⑤ 选择合适的输送泵。

⑥ 掌握输送过程的操作方法和规程。

任务一　布置与安装化工管路

流体从某一位置或设备输送至储罐、反应器、换热器等，需要借助管路进行。在本任务中将学习管路的基本组成，了解管子的材质与应用范围、管件及阀门的种类与应用，熟悉管路连接所用的管件、连接的方法、管路上的附件（压力表、流量计等）以及管路布置的原则。

▶ 子任务 1　了解化工管路的分类及构成 ◀

一、化工管路的分类

化工生产过程中的管路通常以是否分出支管来分类，如表 1-1、图 1-2、图 1-3 所示。

表 1-1　管路的分类

类型		结构
简单管路	单一管路	直径不变、无分支的管路
	串联管路	虽无分支但管径多变的管路
复杂管路	分支管路	流体由总管分流到几个分支，各分支出口不同
	并联管路	并联管路中，分支最终又汇合到总管

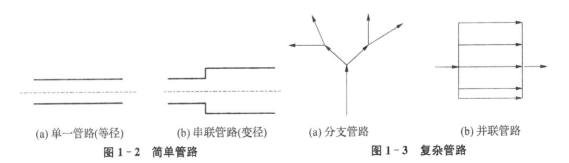

(a) 单一管路(等径)　　(b) 串联管路(变径)　　(a) 分支管路　　(b) 并联管路

图 1-2　简单管路　　　　　　　　　　图 1-3　复杂管路

二、化工管路的构成

化工管路是化工生产中所涉及的各种管路形式的总称,化工管路可将化工机器与设备连在一起,从而保证流体能从一个设备输送到另一个设备,是化工生产装置中不可缺少的部分。

化工管路主要由管子、管件、阀件及辅件(一些附属于管路的管架、管卡、管撑等)构成。

1. 化工管路的标准化

化工生产中输送的流体介质多种多样,介质性质、输送条件和输送流量也各不相同,因此化工管路必须是各不相同的,以适应不同输送任务的要求。工程上,为了避免杂乱、方便制造与使用,有了化工管路的标准化。

化工管路的标准化是指制定化工管路主要构件(包括管子、管件、阀门、法兰、垫片等)的结构、尺寸、连接、压力等实施标准的过程,其中,压力标准与直径标准是制定其他标准的依据,也是选择管子、管件、阀门、法兰、垫片等的依据,已有国家标准详细规定,使用时可查阅有关资料。

2. 管子

生产中使用的管子按管材不同可分为金属管、非金属管和复合管。金属管主要有铸铁管、钢管(含合金钢管)和有色金属管等;非金属管主要有陶瓷管、水泥管、玻璃管、塑料管、橡胶管等;复合管指的是金属与非金属两种材料复合得到的管子,最常见的是衬里管,即为了满足成本、强度和防腐蚀的需要,在一些管子的内层衬以适当材料(如金属、橡胶、塑料、搪瓷等)而形成的管子。随着化学工业的发展,各种新型耐腐蚀材料不断出现,如有机聚合物材料等,非金属材料管正在越来越多地替代金属管。

管子的规格通常用"外径×壁厚"来表示,如 $\phi 38$ mm×2.5 mm 表示此管子的外径是 38 mm,壁厚是 2.5 mm。但也有些管子是用内径来表示其规格的,使用时要注意。管子的长度主要有 3 m、4 m 和 6 m,有些可达 9 m、12 m,但以 6 m 最为普遍。

3. 管件

管件是用来连接管子以达到延长管路、改变管路方向或直径、分支、合流或封闭管路的附件总称。一种管件能起到上述作用中的一个或多个,如弯头既是连接管路的管件,又是改变管路方向的管件。常用管件如图 1-4 所示,管件的作用总结如下:

(1) 改变管路的方向:180°弯头、90°弯头、45°弯头等。

(2) 连接支管:三通、四通。

(3) 改变管径:异径管、内外螺纹接头(补芯)等。

(4) 堵截管路:管帽、丝堵、盲板等。

(5) 延长管路:管箍、螺纹短节、活接头、法兰等。

必须注意,管件和管子一样,也是标准化、系列化的。选用时必须注意管件与管子的规格是否一致。

180°弯头	90°弯头	45°弯头	法兰
螺纹短节	异径管	三通	四通
管帽	丝堵	盲板	卡箍活接头

图 1-4　常用管件

▶ 子任务2　选择化工管路中的阀门 ◀

　　阀门是一种机械装置,也称活门、裁门或节门。化工生产中,通过调节阀门可以改变流量、系统压力、流动方向,从而确保工艺条件的实现。此外,阀门还是化工安全生产的关键组件,由阀门引起的火灾、爆炸、中毒事故数不胜数。阀门的开启与关闭、畅通与隔断、质量好与坏、严密与渗漏等均关系到安全运行。常用阀门(图 1-5)的结构特点及用途如表 1-2 所示。

表 1-2　常用阀门

名称	结构特点	用途
闸阀	闸阀的主要部件为一闸板,通过闸板的升降以启闭管路。这种阀门全开时流体阻力小,全闭时较严密	多于大直径管路上作启闭阀,在小直径管路中也可用作调节阀。不宜用于含有固体颗粒或物料易于沉积的流体,以免引起密封面的磨损和影响闸板的闭合
截止阀	截止阀的主要部件为阀盘与阀座,流体自下而上通过阀座,其构造比较复杂,流体阻力较大,但密闭性与调节性能较好	不宜用于黏度大且含有易沉淀颗粒的介质

续　表

名称	结构特点	用途
止回阀	止回阀是一种根据阀前、后的压力差自动启闭的阀门,其作用是使介质只做一定方向的流动,它分为升降式和旋启式两种。升降式止回阀密封性较好,但流动阻力大;旋启式止回阀用摇板回阀板来启闭。安装时应注意介质的流向与安装方向	止回阀一般适用于清洁介质
球阀	球阀的阀芯呈球状,中间为与管内径相近的连通孔,结构比闸阀和截止阀简单,启闭迅速,操作方便,体积小,重量轻,零部件少,流体阻力也小	适用于低温、高压及黏度大的介质,但不宜用于调节流量
旋塞阀	旋塞阀的主要部分为可转动的圆锥形旋塞,中间有孔,当旋塞旋转至90°时,流动通道全部封闭,需要较大的转动力矩	不能用于高压,偏度变化大时容易卡死
安全阀	安全阀是为了管道设备的安全保险而设置的截断装置,它能根据工作安全阀压力而自动启闭,将管道设备的压力控制在某一数值以下,从而保证其安全	主要用在蒸汽锅炉及高压设备上

闸阀　　　　截止阀　　　　止回阀

球阀　　　　旋塞阀　　　　安全阀

图 1-5　常用阀门

▶ 子任务3　选择化工管材 ◀

　　管材一般按制造管子所使用的材料进行分类,可分为金属管、非金属管和复合管,其中以金属管占绝大部分。复合管是指金属与非金属两种材料组成的管子。常见的化工管材如表1-3所示。

表 1-3　常见的化工管材

种类及名称			结构特点	用　途
金属管	钢管	有缝钢管	有缝钢管是用低碳钢焊接而成的钢管，又称为焊接管。其特点是易于加工制造，价格低。主要有水管和煤气管，分为镀锌管和黑铁管（不镀锌管）两种	目前主要用于输送水、蒸汽、煤气、腐蚀性弱的液体和压缩空气等。因为有焊缝而不适宜在 0.8 MPa（表压）以上的压力条件下使用
		无缝钢管	无缝钢管是用棒料钢材经穿孔热轧或冷拔制成的，它没有接缝。用于制造无缝钢管的材料主要有普通碳钢、优质碳钢、低合金钢、不锈钢和耐热铬钢等。无缝钢管的特点是质地均匀、强度高、管壁薄，少数特殊用途的无缝钢管的管壁也可以很厚	无缝钢管能在各种压力和温度下输送流体，广泛用于输送高压、有毒、易燃易爆和腐蚀性强的流体等
	铸铁管		铸铁管分为普通铸铁管和硅铸铁管。铸铁管价廉而耐腐蚀，但强度低，气密性也差，不能用于输送有压力的蒸汽、爆炸性及有毒性的气体等	一般作为埋在地下的给水总管、煤气管及污水管等，也可以用来输送碱液及浓硫酸等
	有色金属管	铜管与黄铜管	由紫铜或黄铜制成。导热性好，延展性好，易于弯曲成型	适用于制造换热器的管子；可用于油压系统、润滑系统输送有压液体；铜管还适用于低温管路，黄铜管在海水管路中也广泛使用
		铅管	铅管因抗腐蚀性好，能抗硫酸及质量分数 10% 以下的盐酸，其最高工作温度是 413 K。但由于铅管机械强度差、性软而笨重，导热能力小，目前正被合金管及塑料管取代	主要用于硫酸及稀盐酸的输送，但不适用于浓盐酸、硝酸和乙酸的输送
		铝管	铝管也有较好的耐酸性，其耐酸性主要由其纯度决定，但耐碱性差	铝管广泛用于输送浓硫酸、浓硝酸、甲酸和醋酸等。小直径铝管可以代替铜管来输送有压流体。当温度超过 433 K 时，不宜在较高的压力下使用
非金属管			非金属管是用各种非金属材料制作而成的管子的总称，主要有陶瓷管、水泥管、玻璃管、塑料管和橡胶管等。现如今，塑料管的用途越来越广，很多原来使用金属管的场合正逐渐改用塑料管	

▶ 子任务4　化工管路的布置与安装 ◀

一、化工管路的布置原则

工业上的管路布置与安装既要考虑工艺要求，又要考虑经济要求，还要考虑操作方便与安全，在可能的情况下还要尽可能美观。因此，布置与安装管路时应遵守以下原则。

1. 在工艺条件允许的前提下,应使管路尽可能短、管件和阀门尽可能少,以减少投资,使流体阻力减到最低。

2. 应合理安排管路,使管路与墙壁、柱子或其他管路之间有适当的距离,以便于安装、操作、巡查与检修。例如,管路最突出的部分距墙壁或柱边的净空不应小于100 mm;距管架支柱也不应小于 100 mm;两管路的最突出部分间距净空,在中压时保持 40～60 mm,在高压时保持 70～90 mm;在并排管路上安装手轮操作阀门时,手轮间距约 100 mm。

3. 排列管路时,通常使热的管路在上,冷的管路在下;内无腐蚀性的管路在上,内有腐蚀性的管路在下;输气管路在上,输液管路在下;不经常检修的管路在上,经常检修的管路在下;高压管路在上,低压管路在下;保温的管路在上,不保温的管路在下;金属的管路在上,非金属的管路在下。在水平方向上,通常使常温管路、大管路、振动大的管路及不经常检修的管路靠近墙或柱子。

4. 管子、管件与阀门应尽量采用标准件,以便于安装与维修。

5. 对于温度变化较大的管路必须采取热补偿措施,有凝液的管路要安排凝液排出装置,有气体积聚的管路要设置气体排放装置。

6. 管路通过人行道时高度不得低于 2 m,通过公路时高度不得小于 4.5 m,通过铁轨时高度不得小于 6 m,通过工厂主要交通干线时高度一般为 5 m。

7. 一般情况下,管路采用明线安装,但上下水管及废水管采用埋地铺设,埋地安装深度应当在当地冰冻线以下。

在布置管路时,应参阅有关资料,依据上述原则制定方案,确保管路的布置科学、经济、合理、安全。

二、化工管路的安装原则

1. 化工管路的连接

管子与管子、管子与管件、管子与阀件、管子与设备之间的连接方式主要有 4 种,即螺纹连接、法兰连接、承插式连接及焊接。

(1)螺纹连接是依靠螺纹把管子与管路附件连在一起的,对应的连接件主要有内牙管、长外牙管及活接头等,通常用于连接天然气、炼厂气、低压蒸汽、水、压缩空气等的小直径管路。安装时,为了保证连接处的密封,常在螺纹处涂上胶黏剂或包上填料。

(2)法兰连接是最常用的连接方法,其主要特点是已标准化,装拆方便,密封可靠,适应管径、温度及压力范围均很大,但费用较高。连接时,为了保证接头处的密封,需在两法兰盘间加垫片,并用螺栓将其拧紧。

(3)承插式连接是将管子的一端插入另一管子的钟形插套内,并在形成的空隙中装填料(丝麻、油绳、水泥、胶黏剂、熔铅等)以密封的一种连接方法,主要用于水泥管、陶瓷管和铸铁管的连接。其特点是安装方便,对各管段中心重合度要求不高,但拆卸困难,不能耐高压。

(4)焊接连接是一种方便、价廉、不漏但难以拆卸的连接方法,广泛用于钢管、有色金属管及塑料管的连接。焊接连接常用在长管路和高压管路中,但当管路需要经常拆卸时,或在不允许动火的车间,不宜采用焊接方法连接管路。

2. 化工管路的热补偿

化工管路的两端是固定的,当温度发生较大的变化时,管路就会因管材的热胀冷缩而承受压力或拉力,严重时将造成管子弯曲、断裂或接头松脱。因此必须采取措施消除这种应力,即管路的热补偿。热补偿的方法主要有两种:其一是依靠弯管的自然补偿,当管路转角不大于150°时,该种方法通常能起到一定的补偿作用;其二是利用补偿器进行补偿,主要有方形补偿器、波形补偿器及填料补偿器3种。

3. 化工管路的试压与吹扫

化工管路在投入运行前,必须保证其强度与严密性符合设计要求,因此,当管路安装完毕后,必须进行压力试验,称为试压。试压主要采用液压试验,少数特殊情况也可以采用气压试验。另外,为了保证管路系统内部的清洁,必须对管路系统进行吹扫与清洗,以除去铁锈、焊渣、土及其他污物,称为吹洗。管路吹洗根据被输送介质不同,有水冲洗、空气吹扫、蒸汽吹洗、酸洗、油清洗和脱脂等。

4. 化工管路的保温与涂色

化工管路通常是在异于常温的条件下操作的。为了维持生产需要的高温或低温条件,节约能源,维护劳动条件,必须采取措施减少管路与环境的热量交换,即管路的保温。管路保温的方法是在管道外包上一层或多层保温材料。化工厂中的管路是很多的,为了方便操作者区别各种类型的管路,常常在管外(保护层外或保温层外)涂上不同的颜色,称为管路的涂色。管路涂色有两种方法,其一是整个管路均涂上一种颜色(涂单色),其二是在底色上每间隔2 m涂上一个50~100 mm的色圈。常见化工管路的颜色可参阅相关手册。如给水管为绿色,饱和蒸汽管为红色。

5. 化工管路的防静电措施

静电是一种常见的带电现象,在化工生产中,电解质之间、电解质与金属之间都会因为摩擦而产生静电,如当粉尘、液体和气体电解质在管路中流动,从容器中抽出或注入容器时,都会产生静电。这些静电如不及时消除,很容易产生电火花而引起火灾或爆炸。管路的抗静电措施主要是静电接地和控制流体的流速。

技能训练

管路拆装

管路拆装实训的工作内容包括现场测绘并画出安装配管图、备料、管路安装、试漏、拆卸等。过程可反复进行,直至熟练掌握。具体要求如下:

(1)管路系统及设备已定,要求在拆除后恢复原样,反复地进行拆装训练。

(2)按指定的工艺流程图及相关实训材料,安装一段流体输送管路,安装后要求试漏合格。

(3)安装完毕后要写出管路拆装实训报告,并进行现场操作考核。

管路拆装的工艺流程图如图1-6所示。

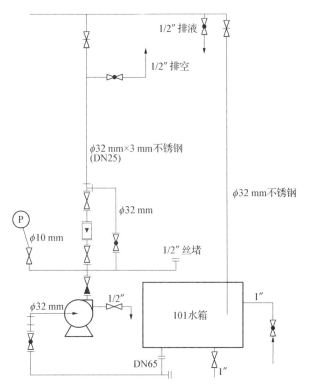

图 1 - 6　管路拆装工艺流程图管路拆装训练

一、识读管路拆装流程图

管路拆装装置示意流程图如图 1 - 6 所示。根据提供的图纸,可确定出该系统主要由泵、管道、管件、阀门、仪表等构成。管路的布置由设备的布置而确定。要正确地布置和安装管路,必须明确生产工艺的特点和操作条件要求。冷却水输送的管线安装起止点:起点为水箱出口截止阀出口处,终点为转子流量计出口法兰连接处。

二、填领料单领料

根据提供的管路拆装装置示意流程图,列出安装管线所需的管件、仪表、阀门等清单,并按清单要求领回物件(管线由管段、管件、阀门等组成,管件有弯头、三通等,阀门有球阀、截止阀、止回阀、安全阀等,仪表有压力表、真空表、流量计等),列出组装管线所需的工具和易耗品等清单。

三、安装注意事项

1. 进实训室一律按要求穿戴安全帽、实训服,操作中要注意安全。

2. 要在教师指导下进行,每个组可安排 3～4 人。

3. 管路的安装要求横平竖直,做到水平管偏差不大于 15 mm/10 m,垂直管偏差不大于 10 mm/10 m。

4. 法兰紧固前要将法兰密封面清理干净,其表面不得有沟纹;垫片要完好,不得有裂纹,大小要合适,不得用双层垫片,垫片的位置要放正;法兰与法兰的对接要正且同心;紧固螺丝时应按对称位置的顺序拧紧,紧好后两头螺栓应露出2~4扣;活接头的连接特别要注意垫圈的放置;螺纹连接时,应注意生料带的缠绕方向与圈数。

5. 阀门安装前要清理干净,将阀关闭后进行安装;截止阀、单向阀安装时要注意其方向性;转子流量计的安装要垂直,防止损坏。

6. 管路安装完毕后,应做强度与严密性试验,确定是否有漏气或漏液现象。采用手动试压泵对泵出口到换热器进口截止阀之间的管路进行耐压试验,泵出口管路设计压力为 200 kPa(表压)。在试验压力下维持 5 min,未发现渗漏现象,则水压试验为合格。

四、管线拆除

管线拆除时,拆除的物件可放置在小车上,拆除完毕后,要清理现场(包括将小车推出现场,清扫现场),归还物件,并要按原来的位置放在货架和工具柜内。

要求掌握管子、阀门、管件等拆装的基本技术,做到管线拆装过程安全、规范。

五、管路拆装考核表

表 1-4　管路拆装考核表

考核内容	考核要点	配分	评分标准	完成情况	得分
熟悉流程	熟悉工艺流程	5	按物料走向叙述流程完整度		
	熟悉各管件、阀门	5	管件、阀门安装是否正确		
管路安装	安装工具的使用	5	工具是否正确使用		
	安装次序	5	安装次序是否正确		
	管件、阀门的选用	5	管件、阀门选用是否正确		
	安装方法	5	螺栓、法兰安装方法正确		
	安装后外观	5	管路系统整体是否横平竖直		
注意事项	安全注意事项	5	安全帽、工作服是否正确穿戴		
	常见故障处理	5	故障处理方法是否得当		
	团队协作能力	5	协调是否一致		
试漏试压	管路系统试漏	15	系统密封是否完好		
	系统试压	15	系统试压是否维持 5 min		
管路拆卸	拆卸工具的使用	5	是否正确使用拆卸工具		
	拆卸过程	10	是否按要求拆卸		
	管件、管道摆放	5	摆放是否整齐,有序		
总分		100			

任务二 计算管路中流体的参数

▶ 子任务 1 计算流体的密度 ◀

单位体积流体所具有的质量,称为流体的密度,用符号 ρ 表示。其表达式为:

$$\rho = \frac{m}{V} \tag{1-1}$$

式中:ρ 为流体的密度,单位为 kg/m^3;m 为流体的质量,单位为 kg;V 为流体的体积,单位为 m^3。

一、液体密度

一般液体可视为不可压缩性流体,其密度基本不随压力变化,但随温度变化,其变化关系可查相关手册。

液体混合物的密度依据理想溶液各组分混合前后体积不变,即混合物体积等于各组分混合前体积加和的原则进行计算。对于液相混合物组成常用组分的质量分数表示,因此可由式(1-2)计算:

$$\frac{1}{\rho_m} = \frac{\omega_1}{\rho_1} + \frac{\omega_2}{\rho_2} + \frac{\omega_3}{\rho_3} + \cdots + \frac{\omega_n}{\rho_n} \tag{1-2}$$

式中:ω_1、$\omega_2 \cdots \omega_n$ 分别为液体混合物中各组分的质量分数;ρ_1、$\rho_2 \cdots \rho_n$ 分别为液体混合物中各组分的密度,单位为 kg/m^3;ρ_m 为液体混合物的密度,单位为 kg/m^3。

二、气体密度

气体为可压缩性流体,其密度随温度和压力变化较大。当压力不太高、温度不太低时,可按理想气体状态方程计算:

$$pV = nRT = \frac{m}{M}RT$$

$$\rho_m = \frac{m}{V} = \frac{pM_m}{RT} \tag{1-3}$$

式中:p 为气体的压力,单位为 kPa;T 为气体的温度,单位为 K;M 为混合气体的平均千摩尔质量,单位为 $kg/kmol$,即 $M_m = M_1 y_1 + M_2 y_2 + \cdots + M_i y_i$($M_i$ 为气体混合物中

组分 i 的千摩尔质量,单位为 kg/kmol);R 为通用气体常数,$R=8.314$ kJ/(kmol·K);ρ_m 为混合气体的密度,单位为 kg/m³。

一般在手册中查得的纯气体密度都是在一定压力与温度下的数值,若条件不同,则此值需进行换算。

气体混合物的组成常用体积分数表示,在混合前后气体压强与温度不变,混合气体的质量等于各组分的质量之和,即由式(1-4)计算:

$$\rho_m = \rho_1 y_1 + \rho_2 y_2 + \cdots + \rho_n y_n \tag{1-4}$$

式中:y_1、$y_2 \cdots y_n$ 分别为气体混合物中各组分的摩尔分数(对于理想气体,摩尔分数在数值上等于体积分数);ρ_1、$\rho_2 \cdots \rho_n$ 分别为在气体混合物的压力下各组分的密度,单位为 kg/m³。

例 1-1 干空气的组成近似为 21% 的氧气、79% 的氮气(均为体积分数)。试求压力为 294 kPa、温度为 80℃时空气的密度。

解 $T = 273 + 80 = 353$(K)

$M_m = M_1 V_1 + M_2 V_2 = 32 \times 0.21 + 28 \times 0.79 = 28.84$(kg/kmol)

由式(1-3)可得:

$$\rho_m = \frac{m}{V} = \frac{p M_m}{RT} = \frac{294 \times 28.84}{8.314 \times 353} = 2.89 \text{(kg/m}^3)$$

三、相对密度

在一定条件下,某种流体的密度与在标准大气压和 4℃(或 277 K)的纯水的密度之比,称为相对密度(旧称比重),用符号 d 表示。

$$d = \frac{\rho}{\rho_{H_2O(4℃)}} \tag{1-5}$$

四、流体的比容

流体的比容(v)为密度的倒数,即单位质量流体所具有的体积(单位:m³/kg)。

$$v = \frac{1}{\rho} = \frac{V}{m} \tag{1-6}$$

▶ 子任务 2 测量流体的压强 ◀

一、流体的压强

流体的压强,定义为流体垂直作用于单位面积上的压力,习惯上也称其为压力,表达式为:

$$p = \frac{F}{A} \tag{1-7}$$

式中:p 为流体的静压强,单位为 Pa;F 为垂直作用于流体表面上的压力,单位为 N; A 为作用面的面积,单位为 m^2。

流体压强的单位为 N/m^2,也称为帕斯卡(Pa),简称为帕。压强的单位还有很多习惯表示法,如大气压(atm)、工程大气压(at)、液柱压强(毫米汞柱 mmHg、米水柱 mH$_2$O)等,它们之间的关系如下:

$$1 \text{ atm} = 101\ 325 \text{ Pa} = 760 \text{ mmHg} = 1.033 \text{ kgf/cm}^2 = 10.33 \text{ mH}_2\text{O}$$
$$1 \text{ at} = 1 \text{ kgf/cm}^2 = 9.807 \times 10^4 \text{ Pa} = 735.6 \text{ mmHg} = 10 \text{ mH}_2\text{O}$$

在化工计算中,常采用两种基准来度量压强的数值大小,即绝对压强和相对压强。相对压强按绝对压强与大气压强的相对大小,又可分为表压和真空度。

(1) 绝对压强(绝压)是以绝对零压作起点计算的压强,是流体的真实压强。

(2) 表压是流体的绝对压强大于大气压强时用压力表所测得的压强,即:

$$表压 = 绝对压强 - 大气压强$$

(3) 真空度,也称真空压强,是流体的绝对压强低于大气压强时用真空表所测得的压强,即:

$$真空度 = 大气压强 - 绝对压强$$

绝对压强、表压和真空度的关系还可用图 1-7 表示。

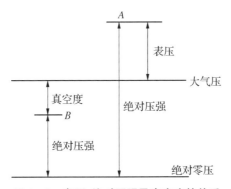

图 1-7　表压、绝对压强及真空度的关系

注意:外界大气压随大气的温度、湿度和所在地区的海拔高度而变化;在使用过程中,表压、真空度要加以标注,如 145 kPa(表压)、65 kPa(真空度)等,若无标注则表示绝对压强。

例 1-2 某生产工艺中离心泵入口真空表读数为 30 kPa,出口压力表的读数为 170 kPa。若当地大气压为 101 kPa,试求泵入口和泵出口的绝对压强为多少?

解 泵入口绝对压强为 $p_入 = 101 - 30 = 71$(kPa)
泵出口绝对压强为 $p_出 = 170 + 101 = 271$(kPa)

二、测量流体的压强——静力学方程及其应用

1. 静力学方程式

静力学方程是用于描述静止流体内部的压强随高度变化的数学表达式。

对于不可压缩流体,密度不随压强变化。如图 1-8,设液面上方的压强为 p_0,有一表面积为 A 的液柱,上表面的压强为 p_1。液柱下底面的压强为 p_2,液柱上表面距容器底高度为 h_1,下底面距容器底高度为 h_2,以向下为正方向,对液柱进行受力分析,当液柱处于静止时,竖直方向合力为零,即:

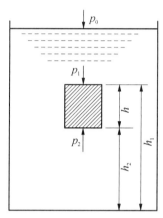

图 1-8 静力学方程的推导示意图

$$p_1 A + (-p_2 A) + \rho g A(h_1 - h_2) = 0$$

整理得:

$$p_1 + \rho g h_1 = p_2 + \rho g h_2$$

令 $h = h_1 - h_2$,则上式变为:

$$p_2 = p_1 + \rho g h \tag{1-8}$$

或

$$h = \frac{p_2 - p_1}{\rho g} \tag{1-9}$$

或

$$\frac{p_1}{\rho g} + h_1 = \frac{p_2}{\rho g} + h_2 = 常数 \tag{1-10}$$

由式 (1-8)可知当容器液面上方的压强 p_0 一定时,静止液体内部任一压强 p 的大小与液体本身的密度和该点距液面的深度有关。因此,在静止的、连续的同一种液体内,处于同一水平面上的各点,因其深度相同,其压强亦相等。此压强相等的水平面称为等压面。但是,当液面上方压强变化时,液体内部各点的压强也发生同样大小的改变。

式(1-9)表明,压强差的大小可以用一定高度的液体柱来表示,但在使用时要注明是何种液体。

由式(1-10)可知,静止的、连续的同一流体内,同一水平面处,不同垂直位置上的各点 h 和 $p/(\rho g)$ 之和为常数,其中 h 称为位压头,其单位可写成 J/N,其意义为单位重量

(1 N)流体的位能。$p/(\rho g)$ 称为单位重量流体的静压能,或称静压头。

需要指出,静力学基本方程适用于静止的、连续的同一流体。虽然气体密度随着压力的改变而改变,但其随容器高低变化甚微,故静力学基本方程亦适用于气体。

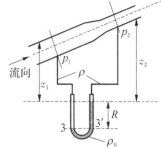

图 1-9 U形管压差计测量原理

2. 测量压强

以流体静力学基本方程式为依据,用于测量压强或压强差的测量仪器统称为液柱压差计,典型的是 U 形管压差计,其结构如图 1-9 所示。

U 形管压差计中指示液密度为 ρ_0。指示液必须与被测液体不发生化学反应且不互溶,ρ_0 必须大于流体的密度 ρ。U 形管压差计常用的指示剂为水、四氯化碳、水银等。根据静力学基本方程可得:

$$p_1 - p_2 = (\rho_0 - \rho)gR \qquad (1-11)$$

U 形管压差计也可测量流体的压力,测量时将 U 形管一端与被测点连接,另一端与大气相通,此时测得的读数 R 反映的是管道中某截面处流体的绝对压强与大气压强之差,即为表压。

▶ 子任务3 计算及测量流体的流速、流量 ◀

一、计算流量与流速

1. 流量

流量是指单位时间内流过管道任一截面的流体量。若流量用体积来计量,则称为体积流量,符号为 V_s,单位为 m^3/s;若流量用质量来计量,则称为质量流量,符号为 W_s,单位为 kg/s。

质量流量和体积流量之间的关系为:

$$W_s = V_s\rho \qquad (1-12)$$

2. 流速

流速是指单位时间内流体在流动方向上所流过的距离,符号为 u,单位为 m/s。实验证明流体流经管道任一截面时,截面上各点径向流速各不相同,故流体的流速通常是指整个管道截面上的平均流速,其表达式为:

$$u = \frac{V_s}{A} \qquad (1-13)$$

式中:A 为与流动方向垂直的管道截面积,单位为 m^2。对于圆管,$A = \frac{\pi}{4}d^2$,其中 d 为圆管内径。

二、测量流体流量

通常把测量流量的仪表称为流量计,把测量总量的仪表称为计量表。流量的检测方法有很多,所对应的检测仪表种类也很多,如表1-5所示。

表1-5 流量检测仪表分类比较

流量检测仪表种类		检测原理	特 点	用 途	
差压式	孔板流量计	基于节流原理,利用流体流经节流装置时产生的压差实现流量测量	已实现标准化,结构简单,安装方便,但差压与流量为非线性关系	适用于管径>50 mm、低黏度、大流量、清洁的液体、气体和蒸汽的流量测量	
	喷嘴流量计				
	文丘里流量计				
转子式	玻璃管转子流量计	基于节流原理,利用流体流经转子时截流面积的变化实现流量测量	压力损失小,检测范围大,结构简单,使用方便,但需垂直安装	适用于小管径、小流量的流体流量测量,可进行现场指示或信号远传	
	金属管转子流量计				
容积式	椭圆齿轮流量计	采用容积分界的方法,即转子每转一周都可送出固定容积的流体,从而利用转子的转速实现测量	精度高、量程宽,对流体的黏度变化不敏感,压力损失小,安装使用较方便,但结构复杂,成本较高	适用于小流量、高黏度、不含颗粒和杂物、温度不太高的流体流量测量	液体
	皮囊式流量计				气体
	旋转活塞流量计				液体
	腰轮流量计				液体、气体
靶式流量计		利用叶轮或涡轮被液体冲转后,转速与流量的关系进行测量	安装方便,精度高,耐高压,反应快,便于信号远传,需水平安装	可测脉动、洁净、不含杂质的流体的流量	
电磁流量计		利用电磁感应原理实现流量测量	压力损失小,对流量变化反应速率快,但仪表复杂、成本高,易受电磁场干扰,不能振动	可测量酸、碱、盐等导电溶液以及含有固体或纤维的流体流量	
旋涡式	旋进旋涡流量计	利用有规则的旋涡剥离现象测量流体的流量	精度高、范围广,无运动部件、无磨损、损失小,维修方便,节能好	可测量各种管道中的气体和蒸汽的流量	
	卡门旋涡式空气流量计				
	间接式质量流量计				

1.玻璃管转子流量计

转子流量计由一个截面积自下而上逐渐扩大的锥形玻璃管构成,管内装有一个由金属或其他材料制作的转子,如图1-10。流体自玻璃管底部流入,经过转子与玻璃管间的环隙,由顶部流出。转子流量计的节流面积是随流量改变的,而转子上下游的压差是恒定不变的,因此也称转子流量计为变截面型流量计。转子流量计的读数是在出厂前一般用一定条件下的空气或水标定的,当条件变化或用于测量其他流体流量时,必须对原刻度进行校正。

2.孔板流量计

孔板流量计是由管路中安装了一片中央带有圆孔的孔板构成的,孔板两侧连接上U形管压差计,其构造如图1-11。孔板流量计中孔板两侧压差是随流量改变的,但其节流面积是不变的,因此也称孔板流量计为变压差流量计。

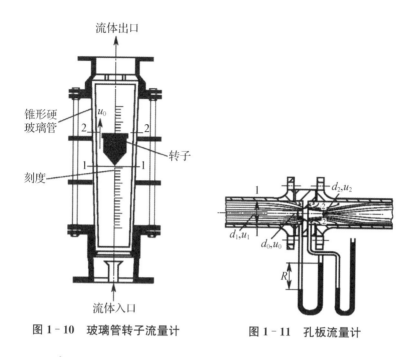

图 1‑10　玻璃管转子流量计　　　图 1‑11　孔板流量计

▶ 子任务 4　确定管路直径 ◀

一、连续性方程——连续稳态流动操作系统的质量守恒

设流体在如图 1‑12 的管路中做连续稳态流动,从截面 1‑1 流向截面 2‑2。

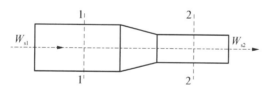

图 1‑12　方程式系统示意图

若在管路两截面间无流体漏损,根据质量守恒定律,从截面 1‑1 流入的流体质量流量 W_{s1} 等于截面 2‑2 流出的流体质量流量 W_{s2},可得:

$$W_{s_1} = W_{s_2} \qquad\qquad (1-14)$$

则有:

$$V_{s_1}\rho_1 = V_{s_2}\rho_2 \qquad\qquad (1-15)$$

即:

$$u_1 A_1 \rho_1 = u_2 A_2 \rho_2 \qquad\qquad (1-16)$$

式(1‑14)、式(1‑15)和式(1‑16)均称为连续性方程。

对于不可压缩流体，$\rho_1 = \rho_2$，则 $u_1 A_1 = u_2 A_2$。对于圆管则可得：

$$\frac{u_1}{u_2} = \left(\frac{d_2}{d_1}\right)^2 \qquad (1-17)$$

即在稳定流动系统中，流体流过不同大小的截面时，其流速与管径的平方成反比。

式中：W_{s1}、W_{s2} 分别为截面 1-1 和截面 2-2 处流体的质量流量，单位为 kg/s；u_1、u_2 分别为截面 1-1 和截面 2-2 处流体的流速，单位为 m/s；A_1、A_2 分别为截面 1-1 和截面 2-2 处的流体截面积，单位为 m^2；ρ_1、ρ_2 分别为截面 1-1 和截面 2-2 处流体的密度，单位为 kg/m^3；V_{s1}、V_{s2} 分别为截面 1-1 和截面 2-2 处流体的体积流量，单位为 m^3/s；d_1、d_2 分别为截面 1-1 和截面 2-2 处的管内径，单位为 m。

二、连续性方程的应用——管径的估算

由管道中流体流量与流速和管径的关系式(1-13)可得：

$$d = \sqrt{\frac{4V_s}{\pi u}} = \sqrt{\frac{V_s}{0.785u}} \qquad (1-18)$$

生产中，流量由生产能力确定，一般是不变的，因此选择流速后，即可计算出管子的内径。工业上常用流速范围可参考表 1-6。

表 1-6　某些流体在管道中的常用流速

流体的种类及状况	流速范围 /(m·s⁻¹)	流体的种类及状况		流速范围 /(m·s⁻¹)
水及一般液体	1～3	饱和水蒸气	890.4 kPa 以下	40～60
黏度较大的液体	0.5～1		303.9 kPa 以下	20～40
低压气体	8～15	过热水蒸气		30～50
易燃易爆的低压气体(如乙炔等)	<8	真空操作下 气体流速		<10
压力较高的气体	15～25			

例 1-3　现欲安装一低压的输水管路，水的流量为 7 m^3/h，试确定管子的规格，并计算管中水的实际流速。

解　因输送的为低压的水，故选镀锌的水煤气管。根据表 1-6 将水的流速定为 1.5 m/s，则：

$$d = \sqrt{\frac{4V_s}{\pi u}} = \sqrt{\frac{7/3\ 600}{0.785 \times 1.5}} = 0.040\ 6(\text{m}) = 40.6(\text{mm})$$

查附录二中附表 14 可知，DN40 的水煤气管(普通管)的外径为 48 mm，壁厚为 3.5 mm，实际内径为 48 − 2×3.5 = 41(mm) = 0.041(m)。

管中水的实际流速为：

$$u = 1.5 \times \left[\frac{40.6}{41}\right]^2 = 1.47(\text{m/s})$$

任务三　计算流体输送过程中的流动阻力

▶ 子任务 1　认识流体的流动形态 ◀

一、雷诺实验

通过雷诺实验可证明流体流动时因各种因素的影响,其内部质点的运动情况不同。如图 1-13 所示,在水箱 3 内装有溢流装置 6,以维持水位的恒定。箱的底部接有一段直径相同的水平玻璃管 4,管出口处有阀门 5 控制调节流量。水箱上方装有内盛有色液体的小瓶 1,有色液体可经过细管 2 注入玻璃管。实验中,在水流经玻璃管的同时,把有色液体送到玻璃管入口后的管中心位置上。

通过实验可观察到,在流体流速不大时,流体质点仅沿着与管轴平行的方向做直线运动,流体分为若干层平行向前流动,质点之间互不混合,称为层流(或滞流),如图1-14(a)所示。

当速度增加后,流体质点除了沿管轴方向向前流动外,还有径向脉动,即各质点的流动速度在大小和方向上都随时发生变化,质点互相碰撞和混合,称为湍流(或紊流),如图1-14(b)所示。

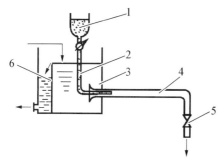

1—小瓶;2—细管;3—水箱;4—水平玻璃管;
5—阀门;6—溢流装置。

图 1-13　雷诺实验装置

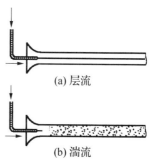

(a) 层流

(b) 湍流

图 1-14　流动状态图

二、流体在圆管内的速度分布

由于流体本身的黏性以及管壁的影响,流体在圆管内流动时在管道的任意截面上,流体各点的速度沿管径变化。管壁处速度为零,离开管壁以后速度逐渐增加,到管中心处速度最大。任一截面上各点的流速和管径的函数关系称为速度分布,其分布规律因流型而异。

理论分析和实验测定都已表明，层流时，截面上质点的速度沿管径按抛物线的规律分布，如图 1－15(a)所示。截面上各点流速的平均值 u 为管中心最大流速的 0.5 倍，即 $u = 0.5u_{max}$。

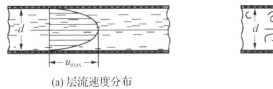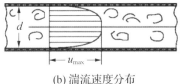

(a) 层流速度分布   (b) 湍流速度分布

图 1－15　圆管内速度分布

湍流时圆管内的速度分布曲线如图 1－15(b)所示。由图可以看出，截面上越靠管中心部分的质点速度越均匀，因此速度曲线顶部区域趋于平坦；但靠近管壁处质点的速度骤然下降，因此曲线变化很陡。湍流时管内的平均流速约为管中心最大流速的 0.8 倍左右，即 $u_{湍流} = 0.8u_{max}$。

此外，湍流时管壁处的速度等于零，即靠近管壁的流体仍做层流流动，这一做层流流动的流体薄层，称为层流内层或层流底层。自层流内层往管中心推移，流速逐渐增大，出现了既非层流流动又非完全湍流流动的区域，这个区域称为缓冲层或过渡层。再往管中心才是湍流主体。层流内层的厚度随雷诺数值的增加而减小。

三、判定流体流动形态——雷诺数 Re

通过雷诺实验分析，影响流体流动状态变化的因素不仅有流速 u，还有管径 d、流体的黏度 μ 和密度 ρ，这些影响因素的关系可用雷诺数表征：

$$Re = \frac{du\rho}{\mu} \tag{1－19}$$

式中：Re 为雷诺数，是无量纲数群；d 为流体流动经过管路的内径（非圆形管道采用当量直径 de：$de = 4 \times$ 流通截面积/润湿周边长度），单位为 m；u 为流体流速，单位为 m/s；ρ 为流体的密度，单位为 kg/m³；μ 为流体的黏度，单位为 Pa·s。

实验证明：

(1) 当 $Re \leqslant 2\,000$ 时，流体流动状态为层流，此区称为层流区。

(2) 当 $Re \geqslant 4\,000$ 时，一般出现湍流，此区称为湍流区。

(3) 当 $2\,000 < Re < 4\,000$ 时，流动可能是层流，也可能是湍流，该区称为不稳定的过渡区。

根据 Re 准数的大小可将流动分为三个区域，即层流区、过渡区、湍流区，但流动类型只有两种，即层流与湍流。

▶ 子任务 2　认识流体的黏度 ◀

流体内部产生的相互作用力，通常称为内摩擦力或黏滞力。流体在流动时产生内摩擦的性质称为流体的黏性。黏度 μ 是度量流体黏性大小的物理量,在 SI 单位制中,黏度的单位是 Pa·s,常用单位还有 mPa·s、P(泊)、cP(厘泊),它们之间的换算关系为:1 Pa·s＝10^3 mPa·s＝10^3 cP。

影响黏度的因素主要有流体种类、温度与压力。同一液体的黏度随温度的升高而减小,压力对液体黏度的影响可忽略不计;而同一气体的黏度随温度的升高而增大,一般情况下也可忽略压力对气体黏度的影响,但在极高或极低的压力条件下不可忽略。

▶ 子任务 3 　计算流体流动阻力 ◀

由流体流动形态可知,流体在流动过程中需要克服阻力。流体的黏性是产生流体流动阻力的内因,而固体壁面(管壁或设备壁)会促使流体内部产生相对运动(即产生内摩擦),因此壁面及其形状等因素是产生流体流动阻力的外因。克服这些阻力需要消耗一部分能量,这一能量即为伯努利方程式中的 $\sum h_f$ 项。

生产用管路主要是由直管和管件及阀门等两大部分组成,因此流体流动阻力也相应分为直管阻力和局部阻力两类。

一、直管阻力

直管阻力 h_f(单位为 J/kg)是指流体流经一定管径的直管时,由于流体的内摩擦而产生的阻力。其计算通式为范宁公式:

$$h_f = \lambda \frac{l}{d} \frac{u^2}{2} \tag{1-20}$$

式中:l 为直管长度,单位为 m;d 为管子的内径,单位为 m;u 为流体的流速,单位为 m/s;λ 为摩擦系数。

摩擦系数在阻力计算中是个关键参数,其与流体流动类型、管壁的粗糙程度等有关。化工生产中的管道按其材质的性质和加工情况大致可分为光滑管和粗糙管。通常把玻璃管、黄铜管、塑料管等列为光滑管,把钢管和铸铁管等列为粗糙管。实际上,即使用同一材质的管子铺设的管道,由于使用时间的长短与腐蚀、结垢的程度不同,管壁的粗糙程度也会有很大的差异。

管壁的粗糙度可用绝对粗糙度和相对粗糙度来表示。绝对粗糙度是指壁面凸出部分的平均高度,以 ε 表示,见表 1-7。在选取管壁的绝对粗糙度值时,必须考虑流体对管壁的腐蚀性,流体中的固体杂质是否会黏附在壁面上以及使用情况等因素。

表 1-7　常用工业管道的绝对粗糙度 ε

管道材质		ε/mm	管道材质		ε/mm
金属管	无缝的黄铜管、铜管及铝管	0.01～0.05	非金属管	干净玻璃管	0.001 5～0.01
	新的无缝钢管或镀锌铁管	0.1～0.5		橡胶软管	0.01～0.03

续 表

管道材质		ε/mm	管道材质		ε/mm
金属管	新的铸铁管	0.3	非金属管	陶土排水管	0.45~6.0
	轻度腐蚀的无缝钢管	0.2~0.3		很好整平的水泥管	0.38
	显著腐蚀的无缝钢管	0.5 以上		石棉水泥管	0.03~0.8
	旧的铸铁管	0.85 以上			

相对粗糙度是绝对粗糙度与管道直径的比值,即 ε/d。管壁粗糙度对摩擦系数 λ 的影响程度与管径的大小有关,如对于绝对粗糙度相同的管道,直径越小,粗糙度对摩擦系数的影响越大。所以在流动阻力的计算中不但要考虑绝对粗糙度的大小,还要考虑相对粗糙度的大小。

在工程计算中,通过大量实验数据整理可得 λ 与 Re 和 ε/d(相对粗糙度)的关系图(见图 1-16)。

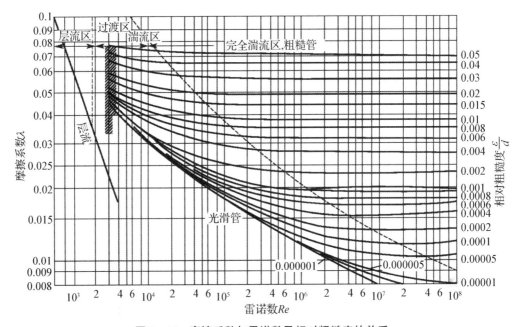

图 1-16 摩擦系数与雷诺数及相对粗糙度的关系

从图中分析得:

(1) 层流区 层流区 $Re \leqslant 2\,000$,λ 仅与 Re 有关,且成直线关系:

$$\lambda = \frac{64}{Re} \qquad\qquad (1-21)$$

(2) 过渡区 过渡区 $2\,000 < Re < 4\,000$,该区内的层流或湍流曲线均可用,在工程上为安全起见,估算大些为宜,一般将湍流时的曲线延伸即可。

(3) 湍流区 湍流区为 $Re \geqslant 4\,000$ 及虚线以下区域,λ 与 Re、ε/d 都有关,可从图中

曲线查出 λ 值,其中最下面的一条为光滑管时 λ 与 Re 的关系。在 $Re = 5 \times 10^3 \sim 1 \times 10^5$ 时,光滑管内:

$$\lambda = \frac{0.316}{Re^{0.25}}$$

(4) 完全湍流区　完全湍流区或称阻力平方区,为图中虚线以上的区域,此时曲线接近于直线,即 λ 与 Re 无关,仅与 ε/d 有关。

〔例 1-4〕 用 $\phi 108\,mm \times 4\,mm$、长 20 m 的钢管中输送油品。已知该油品的密度为 $900\,kg/m^3$,黏度为 $0.072\,Pa \cdot s$,流量为 32 t/h。试计算油品流经管道的能量损失及压力降。

解　$d = 108 - 4 \times 2 = 100 (mm) = 0.1 (m)$

$$u = \frac{W_s}{0.785 d^2 \rho} = \frac{32 \times 1\,000}{3\,600 \times 0.785 \times 0.1^2 \times 900} = 1.26 (m/s)$$

$$Re = \frac{du\rho}{\mu} = \frac{0.1 \times 1.26 \times 900}{0.072} = 1\,575 < 2\,000 \qquad 流体为层流流动$$

$$\lambda = \frac{64}{Re} = \frac{64}{1\,575} = 0.040\,6$$

能量损失: $h_f = \lambda \dfrac{l}{d} \dfrac{u^2}{2} = 0.040\,6 \times \dfrac{20}{0.1} \times \dfrac{1.26^2}{2} = 6.45 (J/kg)$

压力降: $\Delta p = h_f \rho = 6.45 \times 900 = 5\,805 (Pa)$

二、局部阻力

局部阻力是指流体在流经管路的进口、出口、弯头、阀门、扩大或缩小等局部位置时,其流速大小和方向都发生了变化,且流体受到干扰或冲击,使涡流现象加剧而损失的能量。其符号为 h_f',单位为 J/kg。由实验测知,流体即使在直管中为层流流动,但经过管件或阀门时也容易变为湍流。其计算方法有如下两种。

1. 阻力系数法

$$h_f' = \sum \zeta \frac{u^2}{2} \qquad (1-22)$$

式中:u 为流体的流速,单位为 m/s,管路管径变化(扩大或缩小)时以小管流速为准;ξ 为局部阻力系数。

局部阻力系数一般由实验确定。常见的阀门或管件的局部阻力系数见表 1-8。管件与阀门的当量长度共线图见图 1-17。

表 1-8　常见阀门和管件的局部阻力系数 ξ

名称	ξ	
标准弯头	45°弯头,$\xi = 0.35$	90°弯头,$\xi = 0.75$
90°方形弯头	1.3	
180°回弯头	1.5	

名称	ξ						
活接头	0.4						

弯管	R/d	φ					
		30°	45°	60°	75°	90°	105°	120°
	1.5	0.08	0.01	0.14	0.16	0.175	0.19	0.20
	2.0	0.07	0.10	0.12	0.14	0.15	0.16	0.17

标准三通管				
	0.4	1.3	1.5	1.0

闸阀	全开	3/4 开	1/2 开	1/4 开
	0.17	0.9	4.5	24

标准截止阀(球心阀)	全开 $\xi=6.4$		½开 $\xi=9.5$	

旋塞	φ	5°	10°	20°	40°	60°
	ξ	0.05	0.29	1.66	17.3	206

蝶阀(α 为蝶片与管中心夹角)	α	5°	10°	20°	30°	40°	45°	50°	60°	70°
	ξ	0.24	0.52	1.54	3.91	10.8	18.7	30.6	118	751

单向阀(止逆阀)	摇板式 $\xi=2$	球形式 $\xi=70$
角阀90°	5	
底阀	1.5	
滤水器	2	
水表(盘形)	7	

进入或排出	突然扩大	突然缩小	
	1	0.5	0.05～0.25

2. 当量长度法

$$h'_{\mathrm{f}} = \lambda \frac{l_{\mathrm{e}}}{d} \frac{u^2}{2} \tag{1-23}$$

式中：l_{e} 为阀门或管件的当量长度，单位为 m，表示流体流过某一管件或阀门的局部阻力，相当于流过一段与其具有相同直径、长度为 l_{e} 的直管阻力，其值由实验确定（见图 1-17）。

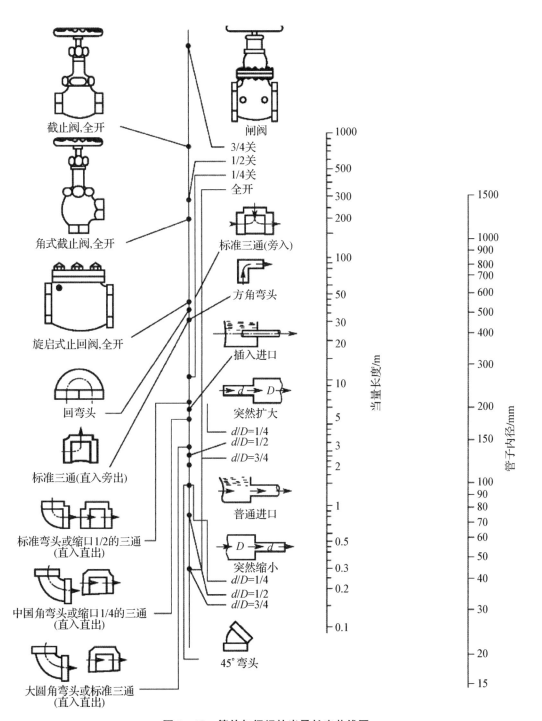

图 1 - 17　管件与阀门的当量长度共线图

三、流体在管路中的总阻力

流体在管路中的总阻力为直管阻力和局部阻力之和：

$$\sum h_f = h_f + h'_f = \left[\lambda \frac{l}{d} + \sum \zeta\right]\frac{u^2}{2} \qquad (1-24)$$

$$\sum h_f = h_f + h'_f = \lambda \frac{l + \sum l_e}{d}\frac{u^2}{2} \qquad (1-25)$$

例 1-5 20℃的水,以 16 m³/h 的流量在某一管路中流动,管子规格为 ϕ57 mm× 3.5 mm。管路上装有 90°的标准弯头 2 个,闸阀(1/2 开度)1 个,直管段长度 30 m。试计算流体流经管路的总阻力损失。

解 查得 20℃下,水的密度 $\rho = 988$ kg/m³,水的黏度为 1.055 Pa·s。

管子内径为:

$d = 57 - 2 \times 3.5 = 50(\text{mm}) = 0.05(\text{m})$

水在管内的流速为:

$$u = \frac{V_s}{A} = \frac{V_s}{0.785 d^2} = \frac{16/3\,600}{0.785 \times (0.05)^2} = 2.26(\text{m/s})$$

对应的雷诺数为:

$$Re = \frac{du\rho}{\mu} = \frac{0.05 \times 2.26 \times 998}{1.005 \times 10^{-3}} = 1.12 \times 10^5$$

查表 1-7 取管壁的绝对粗糙度 $\varepsilon = 0.2$ mm,则 $\dfrac{\varepsilon}{d} = \dfrac{0.2}{50} = 0.004$,由 Re 值及 $\dfrac{\varepsilon}{d}$ 值查图 1-16 得 $\lambda = 0.028\,5$。

(1)用阻力系数法计算

查表 1-8 得:90°的标准弯头,$\zeta = 0.75$;闸阀(1/2 开度),$\zeta = 4.5$。

则:

$$\sum h_f = h_f + h'_f = \left[\lambda \frac{l}{d} + \sum \zeta\right]\frac{u^2}{2} = \left[0.028\,5 \times \frac{30}{0.05} + 0.75 \times 2 + 4.5\right] \times \frac{(2.26)^2}{2} =$$

59(J/kg)

(2)用当量长度法计算

查图 1-17 得:90°的标准弯头,$l/d = 30$;闸阀(1/2 开度),$l/d = 200$。

$$\sum h_f = h_f + h'_f = \lambda \frac{l + \sum l_e}{d}\frac{u^2}{2} = 0.028\,5 \times \frac{30 + (30 \times 2 + 200) \times 0.05}{0.05} \times \frac{(2.26)^2}{2}$$
$$= 62.6(\text{J/kg})$$

从上述两种计算方法可以看出,计算结果差别不大,在工程计算允许的范围之内。

任务四　确定流体输送方案

▶ 子任务 1　认识流体的输送方式 ◀

流体输送必须具有足够的机械能,达到所需的压强,才能将流体提升到一定高度或输送到远处,并克服流体流动过程中的阻力。要以指定的流量送达目的地,可采用不同的输送方式,常见的流体输送方式有以下几种。

一、高位槽送料(位差输送)

化工生产中,各容器、设备间常常会存在一定位差,利用此位差可将高位置处容器或设备中的物料输送到低位置处——高位槽送液(料)。如图 1 - 18 所示,送料时高位槽的高度必须满足输送任务的要求。

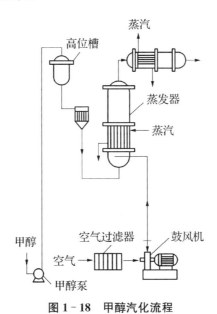

图 1 - 18　甲醇汽化流程

二、真空抽料(压差输送)

真空抽料是指通过真空系统造成负压来实现流体从一个设备到另一个设备的操作,如图 1 - 19 所示。

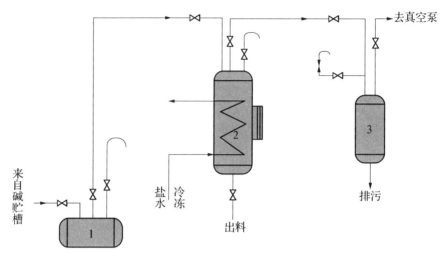

1—烧碱真空槽;2—烧碱高位槽;3—真空气包。

图 1-19　真空抽送烧碱示意图

真空抽料的特点:结构简单,操作方便,没有动件,但流量调节不便,需要真空系统。真空抽料不适用于易挥发液体的输送,主要用于间歇送料场合。

三、压缩空气送料(压差输送)

压缩空气送料也是化工生产中常用的一种输送物料的方式,如图 1-20 所示为酸液输送装置。

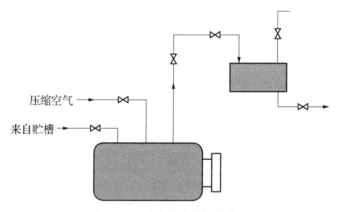

图 1-20　腐蚀性液体输送装置

压缩空气送料法结构简单、无动件,可间歇输送腐蚀性大的易燃易爆流体,流量小,不易调节,难以实现连续操作。压缩空气送料时,空气的压力必须满足输送任务的要求。

四、流体输送机械送料(外加功输送)

流体输送机械送料是指借助流体输送机械对流体做功,实现流体输送的操作。流体输送机械种类多,压头、流量的可选择范围广且易于调节,因此该方法在化工生产中应用广泛,如图 1 - 21 中的回流泵。

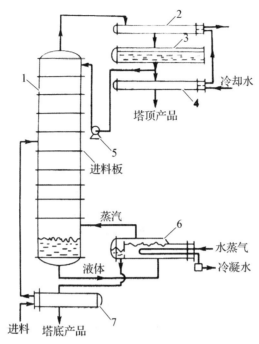

1—精馏塔;2—全凝器;3—塔顶冷凝器贮槽;4—塔顶产品冷却器;5—回流泵;6—再沸器;7—塔底釜液冷却器。

图 1 - 21　连续精馏操作流程

选用此法输送流体时,应注意流体输送机械的型号必须满足流体的性质及输送任务的需求。

总之,流体输送过程中应注意以下几方面问题:(1) 流体的性质;(2) 流体流动的特征;(3) 流体流动的规律;(4) 流体流动阻力;(5) 化工管路的构成;(6) 输送机械的种类等。

▶ 子任务 2　认识流体的能量表现形式 ◀

一、流动流体具有的能量

1. 本身所具有的机械能

(1) 位能

位能又称为势能,它表示的是物体或系统由于其位置或状态而具有的能量。计算位能时,必须先规定一个基准水平面。若质量为 m(kg)的流体与基准水平面的垂直距离为 z(m),则位能为 mgz(J);单位质量流体的位能则为 gz(J/kg)。

(2) 动能

流动着的流体因为有速度而具有的能量称为动能。质量为 m(kg)的流体,当其流速

为 u(m/s)时具有的动能为 $\frac{1}{2}mu^2$(J);单位质量流体的动能为 $\frac{1}{2}u^2$(J/kg)。

（3）静压能

静止流体内部任一位置都具有相应的静压强,流动流体内部任一位置上也有静压强。如果在有液体流动的管壁上开一小孔并接上一个垂直的细玻璃管,液体就会在玻璃管内升起一定的高度,说明静压强具有做功的本领,可使流体势能增加,如图1-22。此液柱高度即表示管内流体在该截面处的静压强值。

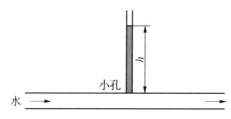

图 1-22 流体产生静压能示意图

管路系统中,某截面处流体压强为 p,流体要流过该截面,则必须克服此压强做功,于是流体带着与此功相当的能量进入系统,流体的这种能量称为静压能。质量为 m(kg)的流体的静压能为 pV(J);单位质量流体的静压能 $\frac{pV}{m}=\frac{p}{\rho}$(J/kg)。

2. 系统与外界交换的能量

（1）外加功

流体在流动过程中,经常有机械能输入,如在系统中安装有水泵或风机。单位质量流体从输送机械中获得的能量称为外加功,用 W_e 表示,其单位为 J/kg。

（2）阻力损失能量

由于流体具有黏性,在流动过程中会产生摩擦阻力,同时管路上一些局部装置会引起流动的干扰或突然变化而产生局部阻力,所以流动过程中有要克服这些阻力。因克服上述阻力而产生的能量损失即为阻力损失能量。单位质量流体流动时为克服阻力而损失的能量,用 $\sum h_f$ 表示,其单位为 J/kg。

二、伯努利方程式——连续稳态流动操作系统的能量守恒

1. 伯努利方程

对于 1 kg 流体,如图 1-23 系统所示,流体从截面1-1流入,从截面2-2流出,该系统的能量包括:位能（gz）、动能（$u^2/2$）、压能（静压能:$\frac{p}{\rho}$）、泵的外加能量（W_e）、阻力损失能量（$\sum h_f$）,单位均为 J/kg。

根据稳定流动系统的能量守恒原则,输入系统的能量应等于输出系统的能量。若以截面 O-O' 为基准水

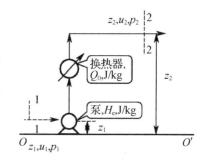

图 1-23 伯努利方程式系统示意图

平面,在截面 1-1 和截面 2-2 间做能量衡算可得伯努利方程:

$$gz_1 + \frac{u_1^2}{2} + \frac{p_1}{\rho} + W_e = gz_2 + \frac{u_2^2}{2} + \frac{p_2}{\rho} + \sum h_f \qquad (1-26)$$

对于单位重量流体,则:

$$z_1 + \frac{u_1^2}{2g} + \frac{p_1}{\rho g} + H_e = z_2 + \frac{u_2^2}{2g} + \frac{p_2}{\rho g} + \sum H_f \qquad (1-27)$$

式中:z_1、z_2 分别为截面 1-1、截面 2-2 的高度,单位为 m;u_1、u_2 分别为截面 1-1、截面 2-2 的流体流动速度,单位为 m/s;p_1、p_2 分别为截面 1-1、截面 2-2 的静压力,单位为 kPa;W_e 为系统内输送机械提供给单位质量流体的外加能量,单位为 J/kg;H_e 为系统内输送机械提供给单位重量流体的外加能量,称为外加压头,单位为 m,$H_e = W_e/g$;$\sum h_f$ 为单位质量流体损失的能量,单位为 J/kg;$\sum H_f$ 为单位重量流体损失的能量,也叫损失压头,单位为 J/N 可略写 m,$\sum H_f = \sum h_f/g$。

2. 应用要点

应用伯努利方程解决实际问题时,需注意以下要点:

(1)作图与确定衡算范围。首先根据问题的内容或题意画出流动系统的示意图,定出上下游截面,注明有关参数,指出流动方向,确定衡算范围。

(2)截面的选取。截面可以是贮槽液面、管出口、高位槽液面等,选取的两截面与流动方向垂直,并且两截面间的流体必须是连续的。所求未知量应在截面上或截面间,且截面上的 z、u、p 等有关物理量,除所需求取的未知量外,都应该是已知的或能通过其他关系式计算出来的。

(3)基准水平面的选取。基准水平面可任意选取,但必须与地面平行(水平管路为中心线)。

(4)单位必须一致。伯努利方程式中各物理量的单位应统一使用 SI 制单位,其中压强除要求单位一致外,还要求表示方法一致,可用绝对压强,也可用表压或真空度,但必须统一。

3. 应用范围

(1)确定设备间的相对位置。在化工生产中,有时为了完成一定的生产任务,需确定设备间的相对位置,如利用高位槽向某设备加料,只要槽内液面稳定,加料的流量即可稳定,需要根据任务需求来确定高位槽高度。

(2)确定管路中流体的流速或流量。流体流量是化工生产和科学实验中的重要参数之一,往往需要测量和调节其大小,使操作稳定、生产正常,以制得合格产品。

(3)确定流体流动所需的压力。在化工生产中,近距离输送腐蚀性液体时,可采用压缩空气或惰性气体来取代输送机械,这时要计算为满足生产任务所需压缩空气的压力大小。

(4)确定流体流动所需的外加机械能。用伯努利方程式计算管路系统的外加机械能或外加压头,是选择输送机械型号的重要依据,也是确定流体从输送机械获得的有效功率的主要依据。

▶ 子任务 3 选择位差输送 ◀

根据伯努利方程计算位差输送过程中的位能或高度（位差），确保流体的正常输送满足生产工艺的要求。

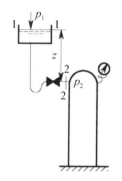

例 1-6 料液自高位槽流入精馏塔，如图 1-24 所示。塔内压强为 1.96×10^4 Pa（表压），输送管道为 $\phi 36$ mm $\times 2$ mm 无缝钢管，管长 8 m。管路中装有 $90°$ 标准弯头两个，$180°$ 回弯头一个，球心阀（全开）一个。为使料液以 3 m³/h 的流量流入塔中，问高位槽应安置于多高位置（即位差 z 应为多少米）？

已知料液在操作温度下的物性数据：密度 $\rho = 861$ kg/m³；黏度 $\mu = 0.643 \times 10^{-3}$ Pa·s。

解 取出口管中心线作为基准面。在高位槽液面 1-1 与管出口内侧截面 2-2 间列伯努利方程：

图 1-24 例 1-6 附图

$$gz_1 + \frac{u_1^2}{2} + \frac{p_1}{\rho} + W_e = gz_2 + \frac{u_2^2}{2} + \frac{p_2}{\rho} + \sum h_f$$

已知：$z_1 = z$，$z_2 = 0$，$p_1 = 0$（表压），$u_1 \approx 0$，$p_2 = 1.96 \times 10^4$ Pa（表压），$W_e = 0$

$$u_2 = \frac{V_s}{0.785 d^2} = \frac{3/3\,600}{0.785 \times 0.032^2} = 1.04 \, (\text{m/s})$$

阻力损失能量：

$$\sum h_f = h_f + h'_f = \left[\lambda \frac{l}{d} + \sum \zeta \right] \frac{gu^2}{2}$$

查表 1-7 取管壁绝对粗糙度 $\varepsilon = 0.3$ mm，则 $\varepsilon / d = 0.3 \div 32 = 0.009\,38$

$$Re = \frac{du\rho}{\mu} = \frac{0.032 \times 1.04 \times 861}{0.643 \times 10^{-3}} = 4.46 \times 10^4 > 4\,000 \quad \text{流体为湍流流动}$$

由图 1-16 查得 $\lambda = 0.039$

局部阻力系数 ζ 由表 1-17 查得：进口突然缩小（入管口）$\zeta = 0.5$；$90°$ 标准弯头 $\zeta = 0.75$；$180°$ 回弯头 $\zeta = 1.5$；球心阀（全开）$\zeta = 6.4$。

故总阻力：

$$\sum h_f = \left[0.039 \times \frac{8}{0.032} + 0.5 + 2 \times 0.75 + 1.5 + 6.4 \right] \times \frac{1.04^2}{2} = 10.6 \, (\text{J/kg})$$

所求位差：

$$z = \frac{p_2 - p_1}{\rho g} + \frac{u_2^2}{2g} + \frac{\sum h_f}{g} = \frac{1.96 \times 10^4}{861 \times 9.81} + \frac{1.04^2}{2 \times 9.81} + \frac{10.6}{9.81} = 3.46 \, (\text{m})$$

▶ 子任务 4 选择压差输送 ◀

根据伯努利方程计算压差输送过程中的静压能或压力差（压差），确保流体的正常输送,满足生产工艺的要求。

例 1-7 如图 1-25 所示,某厂利用喷射泵输送氨。管中稀氨水的质量流量为 1×10^4 kg/h,密度为 1 000 kg/m³。入口处表压为 147 kPa。管子规格为 $\phi60$ mm×3.5 mm,喷嘴出口处内径为 13 mm,喷嘴能量损失可忽略不计。试求喷嘴出口处的压力。

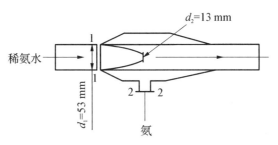

图 1-25　例 1-7 附图

解　取稀氨水入口为 1-1 截面,喷嘴出口为 2-2 截面,管中心线为基准水平面。在 1-1 截面和 2-2 截面间列伯努利方程:

$$gz_1 + \frac{u_1^2}{2} + \frac{p_1}{\rho} + W_e = gz_2 + \frac{u_2^2}{2} + \frac{p_2}{\rho} + \sum h_f$$

已知:$z_1 = 0$,$z_2 = 0$,$p_1 = 1.47 \times 10^5$ Pa(表压),$W_e = 0$;$\sum h_f = 0$;$d_1 = 0.053$ m。

$$u_1 = \frac{W_s}{\frac{\pi}{4} d_1^2 \rho} = \frac{10\ 000/3\ 600}{0.785 \times 0.053^2 \times 1\ 000} = 1.26 \text{(m/s)}$$

喷嘴出口速度 u_2 可由连续性方程求得:

$$u_2 = u_1 \left(\frac{d_1}{d_2}\right)^2 = 1.26 \times \left(\frac{0.053}{0.013}\right)^2 = 20.94 \text{(m/s)}$$

代入伯努利方程得:

$$\frac{1}{2} \times 1.26^2 + \frac{1.47 \times 10^5}{1\ 000} = \frac{1}{2} \times 20.94^2 + \frac{p_2}{1\ 000}$$

$$p_2 = -71.45 \text{(kPa)}$$

即喷嘴出口处的真空度为 71.45 kPa。

▶ 子任务5　选择外加工输送 ◀

在伯努利方程式中,外加功 W_e 是输送设备对 1 kg 流体所做的功,是选择流体输送设备的重要数据,可用来确定输送设备的有效功率 N_e(W),即:

$$N_e = W_e W_s \tag{1-28}$$

式中:N_e 为有效功率,单位为 W;W_s 为流体的质量流量,单位为 kg/s。

例 1-8 某化工厂用泵将碱液输送至吸收塔顶,经喷嘴喷出,如图 1-26 所示。泵的

进口管为 $\phi 108 \text{ mm} \times 4.5 \text{ mm}$ 的钢管,碱液在进口管中的流速为 1.5 m/s,出口管为 $\phi 76 \text{ mm} \times 2.5 \text{ mm}$ 的钢管,贮液池中碱液的深度为 1.5 m,池底至塔顶喷嘴上方入口处的垂直距离为 20 m,碱液经管路的摩擦损失为 30 J/kg,碱液进喷嘴处的压力为 2.92 kPa(表压),碱液的密度为 $1 100 \text{ kg/m}^3$。试求泵的有效功率。

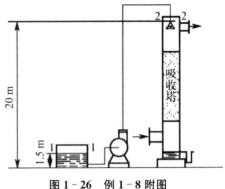

图 1-26 例 1-8 附图

解 取碱液池液面为 1-1 截面,以塔顶喷嘴上方入口处管口为 2-2 截面,取 1-1 截面为基准水平面。在两截面间列伯努利方程式:

$$gz_1 + \frac{u_1^2}{2} + \frac{p_1}{\rho} + W_e = gz_2 + \frac{u_2^2}{2} + \frac{p_2}{\rho} + \sum h_f$$

已知:$z_1 = 0, z_2 = 20 - 1.5 = 18.5(\text{m}), p_1 = 0$(表压),$p_2 = 29.4 \text{ kPa}$(表压),$u_1 \approx 0$,$\sum h_f = 30 \text{ J/kg}$。

碱液在进口管中的流速:

$u = 1.5 \text{ m/s}$

碱液进口管内径:

$d = 108 - 4.5 \times 2 = 99(\text{mm})$

碱液出口管内径:

$d_2 = 76 - 2.5 \times 2 = 71(\text{mm})$

则碱液在出口管中流速可按连续性方程计算:

$$u_2 = u \left(\frac{d}{d_2}\right)^2 = 1.5 \times (99 \div 71)^2 = 2.92(\text{m/s})$$

整理伯努利方程式可得:

$$W_e = gz_2 + \frac{u_2^2}{2} + \frac{p_2}{\rho} + \sum h_f$$

$$W_e = 9.81 \times 18.5 + \frac{2.92^2}{2} + \frac{29.4 \times 1 000}{1 100} + 30 = 242.48(\text{J/kg})$$

碱液的质量流量:

$$W_s = \frac{\pi}{4} d^2 u \rho = 0.785 \times 0.099^2 \times 1.5 \times 1 100 = 12.69(\text{kg/s})$$

此泵的功率:

$N_e = W_e W_s = 242.48 \times 12.69 = 3 077(\text{W})$

任务五 操作液体输送设备

▶ 子任务1 认识离心泵 ◀

一、离心泵的结构

离心泵是依靠高速旋转的叶轮对液体做功的机械,结构如图 1 - 27 所示。

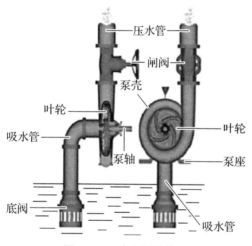

图 1 - 27 离心泵结构图

泵的吸入口在泵壳中心,与吸入管路连接,吸入管路的末端装有底阀,用以开车前灌泵或停车时防止泵内液体倒流回贮槽,也可防止杂物进入管道和泵壳。泵的排出口在泵壳的切线方向,与排出管路相连接,排出管上装有调节阀,用以调节泵的流量。

离心泵的主要部件:一是包括叶轮和泵轴等的旋转部件;二是由泵壳、填料函和轴承组成的静止部件,其中最主要的构件是泵壳和叶轮。

1. 叶轮

叶轮是离心泵的重要部件,对它的要求是在流体能量损失最小的情况下,使单位重量流体获得较高的能量。叶轮一般有 6~12 片后弯形叶片,叶片后弯的目的是便于液体进入泵壳与叶轮缝隙间的流道。叶轮按机械结构可分为闭式叶轮、半闭式叶轮和敞开式叶轮三种,如图 1 - 28 所示。

(a) 敞开式   (b) 半闭式   (c) 闭式

图 1-28　叶轮

敞开式叶轮和半闭式叶轮由于流道不易堵塞，适用于输送含有固体颗粒的液体悬浮液（如砂浆泵、杂质泵）。但敞开式叶轮由于没有盖板，液体易从泵壳和叶片的高压区侧通过间隙流回低压区和叶轮进口处，即产生回泄，故其效率较低。闭式叶轮或半闭式叶轮由于离开叶轮的高压液体可进入叶轮后盖板与泵体间的空隙，使盖板后侧受到较高压力作用，而叶轮前盖板的吸入口附近为低压，故液体作用于叶轮前后两侧的压力不等，会使叶轮推向吸入侧与泵体接触而产生摩擦，严重时会引起泵的震动与运转不正常。为减小轴向推力，可在叶轮后盖板上钻一些小孔（称为平衡孔），使一部分高压液体漏向低压区，以减小叶轮两侧的压力差，但泵的效率也会有所降低。

按吸液方式，叶轮可分为单吸式叶轮和双吸式叶轮。单吸式叶轮结构简单，液体只能从叶轮一侧被吸入；双吸式叶轮可同时从叶轮两侧对称地吸入液体，不仅具有较大的吸液能力，也可消除轴向推力。

2. 泵壳

泵壳内有一个截面逐渐扩大的蜗壳形状的通道。泵内的流体从叶轮边缘高速流出后在泵壳内做惯性运动，越接近出口，流道截面积越大，流速逐渐降低。根据机械能守恒原理，减少的动能转化为静压能，从而使流体获得高压，并因流速的减小降低了流动能量损失。所以泵壳不仅是一个汇集由叶轮流出的液体的部件，还是一个能量转换构件。

在叶轮与泵壳之间有时还装有一个固定不动并带有叶片的圆盘，这个圆盘称为导轮。由于导轮具有很多逐渐转向的流道，使高速液体流过时，可均匀而缓和地将动能转变为静压能，减少能量损失。

3. 轴封装置

泵轴与泵壳之间的密封称为轴封，其作用是防止高压液体从泵壳内沿轴外漏，或者空气以相反方向漏入泵内低压区。常见轴封装置有填料密封和机械密封两种。填料密封的结构简单，加工方便，但功率损耗较大，且沿轴仍会有一定量的泄漏，需要定期更换维修。输送易燃、易爆或有毒、有腐蚀性的液体时，轴封要求严格，一般采用机械密封装置，其密封性能好，结构紧凑，使用寿命长，功率消耗少，应用广泛，但加工精密度要求高，安装技术要求严，价格较高，维修比较麻烦。

二、离心泵的工作原理

在泵启动前，先用被输送的流体把泵灌满（称为灌泵）。泵启动后，泵轴带动叶轮高速旋转，充满叶片之间的流体也跟着旋转，在离心力作用下，流体从叶轮中心被抛向叶轮边缘,使流体静压能、动能均提高。

流体从叶轮外缘进入泵壳后,由于泵壳中流道逐渐加宽,流体流速变慢,部分动能转化为静压能,至泵出口处流体的压强进一步提高,于是流体以较高的压强从泵的排出口进入排出管路,输送到所需场所。

当泵内流体从叶轮中心被抛向外缘时,在叶轮中心处形成低压区,由于贮槽液面上方的压强大于吸入口处的压强,在压强差的作用下,流体便经吸入管路连续地被吸入泵内,以补充被排出的流体。

离心泵启动时,如果泵壳与吸入管路没有充满流体,则泵壳内存有空气。由于空气的密度远小于流体的密度,产生的离心力小,叶轮旋转时从叶轮中心甩出的流体少,因而叶轮中心处所形成的低压不足以将贮槽内的流体吸入泵内,此时虽启动离心泵也不能输送流体,此种现象称为气缚。

三、离心泵的主要性能参数

离心泵的主要性能参数包括流量、扬程、轴功率、效率等,掌握这些参数的含义及其相互关系,对正确选择和使用离心泵有重要意义。为便于人们了解,制造厂在每台泵上都附有一块名牌,所列出的各种参数值,都是以 20℃ 的清水为介质、在一定转速下测定的且效率为最高条件下的参数。当使用条件与实验条件不同时,某些参数需进行必要的修正。

1. 流量 Q

流量是指泵在单位时间里排出液体的体积流量,又称泵的送液能力,单位为 m^3/s 或 m^3/h。流量的大小取决于泵的结构(如单吸或双吸等)、尺寸(主要是叶轮的直径 D 和宽度 B)、转速 n 及密封装置的可靠程度等。

2. 扬程 H

扬程是指泵对单位重量流体所提供的有效机械能量,单位 J/N 或 m。扬程的大小取决于泵的结构(如叶轮的直径 D、叶片的弯曲情况等)、转速 n 和流量 Q。对于一定的泵而言,在转速一定和正常工作范围内,流量越大,扬程越小。

泵的扬程与管路无关,目前只能用实验测得。离心泵的扬程与伯努利方程中的外加压头是有区别的,外加压头是系统在流量一定的条件下对输送设备提出的做功能力要求,而扬程是输送设备在流量一定的条件下对流体的实际做功能力。

在泵的吸入口和压出口之间列伯努利方程(所选的两截面很接近泵体)后整理可得:

$$H = (z_出 - z_入) + \frac{p_出 - p_入}{\rho g} + \frac{u_出^2 - u_入^2}{2g} \qquad (1-29)$$

3. 轴功率 N

轴功率是泵轴所需的功率。当泵直接由电机带动时,轴功率即为电动机传给泵轴的功率,单位为 J/s 或 W。

有效功率 N_e 是输送到管道的液体从叶轮处获得的功率。由于有能量损失,所以泵的轴功率大于有效功率。有效功率的计算公式为:

$$N_e = QH\rho g \tag{1-30}$$

式中:Q 为泵的流量,单位为 m^3/s;H 为泵的扬程,单位为 m;ρ 为被送液体的密度,单位为 kg/m^3;g 为重力加速度,单位为 m/s^2。

由于泵在启动中会出现电机启动电流增大的情况,因此制造厂用来配套的电动机功率 N_d 往往是按轴功率 N 的 1.1～1.2 倍计算的。但由于电动机的功率是标准化的,因此实际电机的功率往往比计算的要大得多。

4. 效率 η

在离心泵运转过程中有一部分高压液体流回泵的入口,甚至漏到泵外,这必然要消耗一部分能量。液体流经叶轮和泵壳时,流体流动方向和速度的变化以及流体间的相互撞击等,也要消耗一部分能量。此外,泵轴与轴承和轴封之间的机械摩擦等还要消耗一部分能量。因此,轴功率不可能全部传给流体而成为流体的有效功率。工程上通常用总效率 η 反映能量损失的程度,即:

$$\eta = \frac{N_e}{N} \tag{1-31}$$

离心泵效率的高低与泵的大小、类型以及加工的状况、流量等有关,一般小型泵的效率为 50%～70%,大型泵的效率可达 90% 左右。每一种泵的具体数据由实验测定。

四、离心泵的特性曲线

离心泵是最常见的液体输送设备,在一定的型号和转速下,离心泵的扬程 H、轴功率 N 及效率 η 均随流量 Q 的变化而改变。通常通过实验测出 H-Q、N-Q 及 η-Q 关系,并用曲线表示,称为特性曲线,如图 1-29 所示,它是确定泵的适宜操作条件和选用泵的重要依据。不同形式的离心泵,特性曲线不同。对于同一泵,当叶轮直径和转速不同时,性能曲线也是不同的,故特性曲线图左上角通常注明泵的形式和转速。尽管不同泵的特性曲线不同,但它们具有以下共同规律:

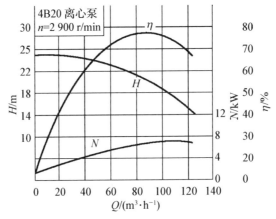

图 1-29　离心泵特性曲线

（1）H-Q 曲线　因流体流动速度增大，系统中的能量损失加大，所以流量越大，扬程越小。

（2）N-Q 曲线　流量越大，泵所需功率越大。当 $Q=0$ 时，所需功率最小。因此，离心泵启动时应将出口阀关闭，使电机功率最小，待完全启动后再逐渐打开阀门，这样可避免因启动功率过大而烧坏电机。

（3）η-Q 曲线　该曲线表明泵的效率开始随流量增大而升高，达到最高后，则随流量的增大而降低。泵在最高效率对应的流量及扬程下工作最为经济，所以与最高效率点对应的 Q、H、N 值称为最佳工况参数。但实际生产条件下，离心泵往往不可能正好在最佳工况下运转，只能规定一个工作范围，称为泵的最佳工况区。通常最佳工况区为泵最高效率的 92% 左右。

五、影响离心泵性能的主要因素

1. 液体性质的影响

（1）密度的影响

离心泵的扬程、流量、机械效率均与液体的密度无关，但泵的轴功率与输送液体的密度有关，且随液体密度而改变，所以当输送液体的密度与水不同时，需要重新计算。

（2）黏度的影响

若被输送液体的黏度大于常温下清水的黏度，则泵体内部液体的能量损失增大，因此泵的扬程、流量均减小，效率下降，而轴功率增加。

2. 转速的影响

离心泵的特性曲线是在一定转速下测定的，但在实际使用时常遇到要改变转速的情况，此时泵的扬程、流量、效率和轴功率也随之改变。当液体的黏度与实验流体的黏度相差不大，且泵的机械效率可视为不变时，不同转速下泵的流量、扬程、轴功率与转速的近似关系为：

$$\frac{Q_1}{Q_2}=\frac{n_1}{n_2} \quad \frac{H_1}{H_2}=\left(\frac{n_1}{n_2}\right)^2 \quad \frac{N_1}{N_2}=\left(\frac{n_1}{n_2}\right)^3 \tag{1-32}$$

▶ 子任务 2　选用离心泵 ◀

一、离心泵的类型

由于化工生产中被输送液体的性质、压力、流量等差异很大，为了适应各种不同生产要求，离心泵的类型是多样的。离心泵按液体的性质可分为清水泵、耐腐蚀泵、油泵、杂质泵等；按叶轮吸入方式可分为单吸泵与双吸泵；按叶轮数目又可分为单级泵与多级泵。各种类型的离心泵按照其结构特点各自成为一个系列，并以一个或几个汉语拼音字母作为系列代号。在每一系列中，由于有不同的规格，因而附以不同的字母和数字来区别，如表 1-9 所示。

表 1-9　离心泵的类型

类型		结构特点	用途
清水泵	IS 型	单级单吸式。泵体和泵盖都是用铸铁制成。特点是泵体和泵盖为后开门结构,优点是检修方便,不用拆卸泵体、管路和电动机	是应用最广的离心泵,用来输送清水以及物理、化学性质类似于水的清洁液体
	D 型	多级泵,可达到较高的压头,叶轮的级数通常为 2～9 级,最多可达 12 级	要求压头较高而流量并不太大的场合
	Sh 型	双吸式离心泵,叶轮有两个入口,故输送液体流量较大	输送液体流量较大而所需的压头不高的场合
耐腐蚀泵(F 型)		特点是与液体接触的部件用耐腐蚀性材料制成,密封要求高,常采用机械密封装置	输送酸、碱等腐蚀性液体
油泵(Y 型)		有良好的密封性能。热油泵的轴密封装置和轴承都装有冷却水夹套	输送石油产品
杂质泵(P 型)		叶轮流道宽,叶片数目少,常采用半敞式或敞式叶轮。有些泵壳内衬以耐磨的铸钢护板,不易堵塞,容易拆卸,耐磨	输送悬浮液及黏稠的浆液等
屏蔽泵		无泄漏泵,叶轮和电动机联为一个整体并密封在同一泵壳内,不需要轴封装置。缺点是效率较低,约为 26%～50%	常输送易燃、易爆、剧毒及具有放射性的液体
液下泵(EY 型)		液下泵经常安装在液体贮槽内,对轴封要求不高,既节省了空间又改善了操作环境。其缺点是效率不高	适用了输送化工过程中各种腐蚀性液体和高凝点液体

1. 清水泵

凡是输送清水以及物理、化学性质类似于水的清洁液体,都可以用清水泵。

IS 型(原 B 型)水泵为单级悬臂式离心水泵的代号,应用最为广泛,其结构如图 1-30 所示。它只有一个叶轮,从泵的一侧吸液,叶轮装在伸出轴承的轴端处,具有结构可靠、震动小、噪声小等显著特点。IS 型离心泵的型号以字母加数字所组成的代号表示。例如,IS50-32-200 型泵,IS 表示泵的类型为单级单吸离心泵;50 代表吸入口径为 50 mm;32 代表排出口径为 32 mm;200 代表叶轮的直径为 200 mm。

若所要求的扬程较高而流量并不太大时,可采用多级泵,如图 1-31 所示。在一根轴上串联多个叶轮,一个叶轮流出的液体通过泵壳内的导轮,引导液体改变流向,同时将一部分动能转变为静压能,然后液体进入下一个叶轮入口,因液体从几个叶轮中多次接受能量,故可达到较高的扬程。国产的多级泵系列代号为 D,称为 D 型离心泵,泵的级数一般自 2 级到 9 级,最多可到 12 级。D 型离心泵的型号表示方法以 D12-25×3 型泵为例:D 表示泵的类型为多级离心泵;12 表示公称流量(最高效率时流量的整数值)为 12 m^3/h;25 表示该泵在效率最高时的单级扬程为 25 m;3 表示级数,即该泵在效率最高时的总扬程为 75 m。

若输送液体的流量较大而所需的扬程并不高时,可采用双吸式离心泵(双吸泵)。双吸泵的叶轮有两个入口,如图 1-32 所示。由于双吸泵叶轮的厚度与直径之比较大,且有两个吸入口,故输液量较大。我国生产的双吸离心泵系列代号为 Sh。Sh 型泵的型号表示方法以 100Sh90 型泵为例：100 表示吸入口的直径为 100 mm；Sh 表示泵的类型为双吸式离心泵；90 表示最高效率时的扬程为 90 m。

图 1‑30   IS 型离心水泵

图 1‑31   多级离心泵

图 1‑32   双吸式离心泵

2. 耐腐蚀泵(F 型)

当输送酸、碱等腐蚀性液体时应采用耐腐蚀泵，其主要特点是泵中与液体接触的部件用耐腐蚀材料制成。各种材料制造的耐腐蚀泵在结构上基本相同，因此都用 F 作为耐腐蚀泵的系列代号。在 F 后面再加一个字母表示材料代号，以作区别，代号如表 1‑10 所示。

表 1‑10   不同材料耐腐蚀泵代号

材料	1Cr18Ni9	Cr28	一号耐酸硅酸铸铁	高硅铁	HT20‑40	耐碱铝铸铁
代号	B	E	1G	G15	H	J
材料	1Cr18Ni12Mo2Ti	1Cr13	铝青铜 9‑4	硬铝	工程塑料(聚三氟氯乙烯)	
代号	M	L	U	Q	S	

耐腐蚀泵的另一个特点是密封要求高。由于填料本身被腐蚀的问题很难彻底解决，所以 F 型泵根据需要采用机械密封装置。

F 型泵的型号表示方法以 25FB‑16A 型泵为例：25 表示吸入口的直径为 25 mm；F 代表泵的类型为耐腐蚀泵；B 代表所用材料为 1Cr18Ni9 的不锈钢；16 代表泵在最高效率时的扬程为 16 m；A 为叶轮切割序号，表示该泵装配的是比标准直径小一号的叶轮。

3. 油泵(Y 型)

输送石油产品等低沸点料液的泵称为油泵。油品的特点是易燃、易爆，因此对油泵的基本要求是密封好。当输送 200℃ 以上的热油时，还要求对轴封装置和轴承等进行良好的冷却，故这些部件常装有冷却水夹套。国产的油泵系列代号为 Y，型号的表示方法以

50V-60A 型泵为例:50 表示泵的吸入口直径为 50 mm;Y 表示泵的类型为离心式油泵;60 表示扬程为 60 m;A 为叶轮切割序号。

4. 杂质泵(P 型)

输送悬浮液及稠厚的浆液等常用杂质泵。杂质泵系列代号为 P,可又细分为污水泵(代号为 PW)、砂泵(代号为 PS)、泥浆泵(代号为 PN)等。对这类泵的要求是:不易被杂质堵塞、耐磨、容易拆洗。所以它的特点是叶轮流道宽,叶片数目少,常采用半闭式或敞开式叶轮,有些泵壳内衬以耐磨的铸钢护板。

二、选用离心泵

离心泵的选用,一般可按下列方法与步骤进行。

1. 确定输送系统的流量与扬程

液体的输送量一般为生产任务所规定,如果流量在一定范围内变动,选泵时应按最大流量考虑。根据输送系统管路的安排,用伯努利方程式计算在最大流量下管路所需的扬程。

2. 选择泵的类型与型号

根据被输送液体的性质和操作条件确定泵的类型,按已确定的流量 Q_e 和压头 H_e 从泵样本或产品目录中选出合适的型号,选出的泵所能提供的流量 Q 和压头 H 要考虑操作条件的变化并备有一定的余量,应略大于管路所要求的流量 Q_e 和压头 H_e,但在该条件下泵的效率应处在泵的最高效率范围内。泵的型号选出后,应列出该泵的各种性能参数。

3. 核算泵的轴功率

若输送液体的密度大于水的密度时,需要核算泵的轴功率,以指导合理选用电机。

▶ 子任务 3　安装离心泵 ◀

一、汽蚀现象

离心泵的吸液是靠吸入液面与吸入口间的压差完成的。吸入管路越高,吸入高度越高,则吸入口处的压力将越小。当吸入口处压力小于操作条件下被输送液体的饱和蒸汽压时,液体将会汽化产生气泡,含有气泡的液体进入泵体后,在旋转叶轮的作用下进入高压区,气泡在高压的作用下,又会凝结为液体。由于原气泡位置的空出造成局部真空,使周围液体在高压的作用下迅速填补原气泡所占空间。这种高速冲击频率很高,可以达到每秒几千次,冲击压强可以达到数百个大气压甚至更高,这种高强度高频率的冲击,轻则能造成叶轮的疲劳,重则可以将叶轮与泵壳损坏,甚至能把叶轮打成蜂窝状。这种由于泵入口压力等于或小于同温度下液体的饱和蒸汽压,被输送液体在泵体内汽化再凝结对叶轮产生剥蚀的现象叫做离心泵的汽蚀现象。

汽蚀现象发生时会产生噪声和引起振动,流量、扬程及效率均会迅速下降,严重时不能吸液。工程上规定,当泵的扬程下降3%时,即进入了汽蚀状态。工程上从根本上避免汽蚀现象的方法是限制泵的安装高度。此外,减小吸入管路的阻力也可以有效地防止汽蚀现象的发生。

二、离心泵的安装高度

离心泵的安装高度是指泵的吸入口与吸入贮槽液面间的垂直距离,如图 1 - 33 所示。为避免离心泵汽蚀现象发生的最大安装高度,称为离心泵的允许安装高度,以符号 H_g 表示。若以储槽液面为基准,在储槽液面 $0 - 0'$ 与泵的吸入口 $1 - 1'$ 之间列伯努利方程,可得:

$$H_g = \frac{p_0 - p_1}{\rho g} - \frac{u_1^2}{2g} - \sum H_{f,0-1} \tag{1-33}$$

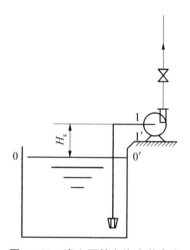

图 1 - 33　离心泵的允许安装高度

式中:H_g 为离心泵的允许安装高度,单位为 m;p_0 为吸入液面压力,单位为 Pa;p_1 为吸入口允许的最低压力,单位为 Pa;ρ 为被输送液体的密度,单位为 kg/m³;u_1 为吸入口处的流速,单位为 m/s;$\sum H_{f,0-1}$ 为流体流经吸入管的阻力损失,单位为 m。

三、计算离心泵的安装高度

工业生产中,常用允许汽蚀余量法计算离心泵的允许安装高度。允许汽蚀余量是表示离心泵的抗汽蚀性能的参数,其值由生产厂家在规定条件下测定,常列在离心泵的性能表中。允许汽蚀余量是指离心泵在保证不发生汽蚀的前提下,泵吸入口处动压头与静压头之和的最小值比被输送液体的饱和蒸汽压头高出的值,用 Δh 表示,即:

$$\Delta h = \left(\frac{p_1}{\rho g} + \frac{u_1^2}{2g} \right)_{\min} - \frac{p_v}{\rho g} \tag{1-34}$$

式中:p_v 为操作温度下液体的饱和蒸汽压,单位为 Pa。

将式(1 - 34)代入式(1 - 33)得:

$$H_g = \frac{p_0}{\rho g} - \frac{p_v}{\rho g} - \Delta h - \sum H_{f,0-1} \tag{1-35}$$

Δh 值越小,泵抗汽蚀性能越强。Δh 随流量增大而增大,因此,在确定允许安装高度时应取最大流量下的 Δh。

为安全起见,泵的实际安装高度通常比允许安装高度低 $0.5 \sim 1$ m。当允许安装高度为负值时,离心泵的吸入口应低于贮槽液面。

▶ 子任务4 操作离心泵 ◀

一、离心泵的工作点与流量调节

1. 管路特性曲线

对于给定的管路系统,通过伯努利方程和阻力计算式,可得:

$$H_e = \Delta z + \frac{\Delta p}{\rho g} + \frac{\Delta u^2}{2g} + \left[\lambda \frac{l + \sum l_e}{d} + \sum \zeta\right] \frac{u^2}{2g} \tag{1-36}$$

上式中只有两项与速度有关,进而与流量有关,将流量方程式代入可得:

$$H_e = A - B Q_e^2 \tag{1-37}$$

其中, $A = \Delta z + \dfrac{\Delta p}{\rho g}$, $B = \left[\lambda \dfrac{l + \sum l_e}{d} + \sum \zeta\right] \dfrac{8}{\pi^2 d^4 g}$

式(1-37)表明,对于给定的输送系统,输送任务 Q 与完成任务需要的外加压头 H 之间存在特定关系,称为管路特性方程,它所描述的曲线称为管路特性曲线。

2. 离心泵的工作点

如果把泵的特性曲线 H-Q 和管路特性曲线 H_e-Q_e 描绘在同一坐标系中,如图 1-34所示,可看出两条曲线相交于一点,泵在该点状态下工作时,可以满足管路系统的需要,因此该点被称为离心泵的工作点。若该点所对应的离心泵效率在离心泵的高效率区,则该工作点是比较合适的。

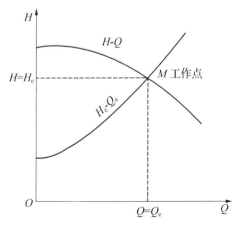

图 1-34 离心泵的工作点

3. 离心泵的流量调节

在实际生产中,由于生产任务的改变而需要调节流量,实际上就是进行工作点的调节。显然,改变管路特性曲线和改变泵的特性曲线都能达到改变工作点的目的。

(1) 改变管路特性曲线

在实际操作中改变离心泵出口管路上的流量调节阀门开度就可改变管路中的局部阻力,进而改变泵的流量(图1-35)。此法方便灵活、应用广泛,对于流量调节幅度不大且需要经常调节的系统是较为适宜的。其缺点是当用关小阀门开度的方法减小流量时,增加了管路中的机械能损失,并有可能使工作点移至低效率区,也会使电机的效率降低。

(2) 改变泵的特性曲线

对同一离心泵改变其转速(图1-36)或叶轮直径(图1-37)可使泵的特性曲线发生变化,从而使其与管路特性曲线的交点移动。此法不会额外增加管路阻力,并在一定范围内仍可使泵处于高效率区工作。一般来说,改变叶轮直径显然不如改变转速简便,可调节幅度也有限,且当叶轮直径变小时,泵和电机的效率也会降低,所以常用改变转速来调节流量。

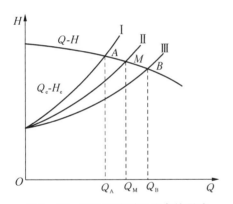

图1-35　阀门开度对工作点的影响

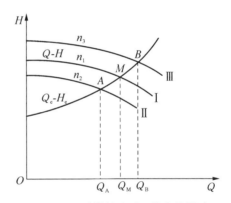

图1-36　叶轮转速对工作点的影响

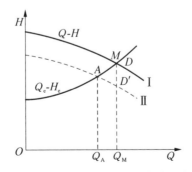

图1-37　叶轮直径对工作点的影响

二、离心泵的串、并联操作

在实际生产过程中,当单台离心泵不能满足输送任务要求时,可采用离心泵的并联或串联操作。

1. 离心泵的并联操作

将两台型号相同的离心泵并联在同一管路上操作时,理论上,在同一扬程下,两台并联泵的流量等于单台泵的两倍。依据单台泵特性曲线 $Q\text{-}H_{(Ⅰ,Ⅱ)}$ 上的一系列坐标点,保持其纵坐标(H)不变,使横坐标(Q)加倍,即可绘得两台泵并联操作的合成特性曲线 $Q\text{-}H_{(Ⅰ+Ⅱ)}$,如图 1‑38 所示。

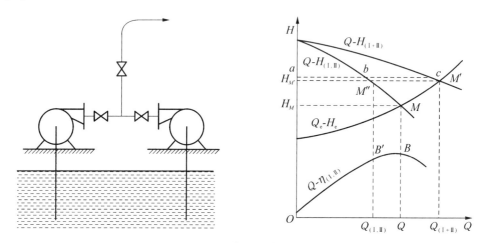

图 1‑38 离心泵并联操作

并联泵的工作点可由合成特性曲线 $Q\text{-}H_{(Ⅰ+Ⅱ)}$ 与管路特性曲线 $Q_e\text{-}H_e$ 的交点来决定。由图可见,并联以后,管路中的流量与扬程均可增加,但并联后的总流量低于原单台泵流量的两倍。

2. 离心泵的串联操作

将两台型号相同的泵串联在同一管路上操作时,理论上,在同一流量下,两台串联泵的扬程为单台泵的两倍。于是,依据单台泵特性曲线 $Q\text{-}H_{(Ⅰ,Ⅱ)}$ 上一系列坐标点,保持其横坐标(Q)不变,使纵坐标(H)加倍,即可绘出两台串联泵的合成特性曲线 $Q\text{-}H_{(Ⅰ+Ⅱ)}$,如图 1‑39 所示。

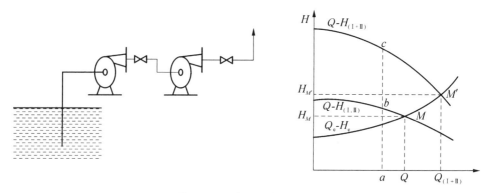

图 1‑39 离心泵串联操作

同样,串联泵的工作点也由泵的合成特性曲线 Q - $H_{(I+II)}$ 与管路特性曲线 Q_e - H_e 的交点来决定。由图可见,串联以后,管路中的流量与扬程均可增加,但串联后的总扬程低于原单台泵扬程的两倍。

对于低阻管路,并联操作时流量的增幅较大些;对于高阻管路,串联操作时流量幅较大些。

三、操作离心泵

1. 离心泵启动前的准备工作

(1) 开车前认真检查泵的出入口管线阀门、法兰、压力表接头有无泄漏,检查冷却水是否畅通、地脚螺丝及其他连接处有无松动。高温油泵一定要先检查冷却水阀是否打开投用,否则机封会因温度过高而损坏,泵体也可能会受损。

(2) 按规定向轴承箱加入润滑油,油面在油标 1/2~2/3 处。清理泵体机座地面环境卫生。

(3) 盘车:检查转子是否轻松灵活,泵体内是否有金属碰撞的声音。

(4) 全开冷却水出入口阀门。

(5) 检查排水地漏并使其畅通无阻。

(6) 灌泵:打开泵入口阀,使液体充满整个泵体,打开出口放空阀,排出泵内空气后,关闭放空阀。

2. 离心泵的启动

(1) 打开泵进口沿线阀门,引料。

(2) 驱动电动机(最大启动次数为 12 次/h),全面检查泵的运转情况。

(3) 当泵出口压力表压力高于操作压力时,慢慢打开出口阀,调节压力至正常。离心泵启动后空转时间不宜过长,一般控制在 1~2 min,以免密封环摩擦生热。

(4) 检查:

① 物料温度、进出口压力、流量、电流表读数是否超过和低于规定值。

② 轴承温度、润滑油油位是否异常,如轴承冒烟,润滑油漏等。

③ 有无振动、杂音等。

3. 离心泵的正常运行与维护

(1) 定期检查轴承的温度和润滑情况、轴封的泄漏情况。

(2) 定期检查压力表及真空表的读数是否正常。

(3) 定期检查离心泵的机械振动是否过大,各部分的连接螺栓是否松动。

(4) 定期更换润滑油,轴承温度控制在 75℃ 以内,填料密封的泄漏量一般要求不能流成线,泵运转一定时间后(一般 2 000 h)应更换磨损件。

(5) 定期对备用泵进行盘车并切换使用。

(6) 热油泵停车后每半小时盘车一次,直到泵体温度降到 80℃ 以下为止,在冬季停车的泵停车后应注意防冻。

4. 停车

离心泵停车时应先关闭压力表和真空表阀门，再关闭泵排出阀（这样可以防止管路液体倒灌），然后停电动机，泵停后再关闭轴承及其他部位的冷却系统。若停车时间较长，还应将泵体内液体排放干净，以防内部零件锈蚀或冬季结冰冻裂泵体。

5. 离心泵常见事故及处理方法

离心泵运转过程中可能出现的故障、产生的原因及处理方法，见表 1-11。

表 1-11　离心泵常见故障及处理方法

故障现象	故障产生原因	故障处理方法
泵灌不满	底阀已坏；吸液管路泄漏	修理或更换底阀；检查吸液管路的连接，消除泄露
电流超过额定值	填料过紧；水泵装配不良；叶轮摩擦壳体；出水量太大；电源中一相断线；启动时出口阀未关	拧松填料；检查水泵，关小出口阀；检查电源情况
轴承过热	轴承装置不正确；轴安装不对；轴承损坏，轴弯曲；润滑油变质或不足	校正；修理或更换轴承，更换或加润滑油
电动机过热	转速高于额定值；水泵输水量高于额定值；水泵或电动机损坏	停机检查电机及相关设施
泵或电机振动	泵内有固体物；泵内有气；机械损坏，轴弯曲；水泵和电机转子不平衡；靠背轮对心不好；轴承损坏，缺油；地脚螺丝松动	重新找正；更换轴或轴承；更换润滑油；加固底座，拧紧地脚螺丝
给水泵压力下降	水泵叶轮损坏；叶轮和间隙密封太大；电压下降；水泵入口法兰或盘根漏气	切换备用泵
启动负荷过大	启动没有关闭出口阀；填料压得太紧，润滑油进不去；水封管不通水；轴心不正；轴承安装不当	关闭出口阀启动；调整填料；疏通水封管；校正轴心；正确安装轴承；调整电机与泵的同轴度
泵不上水，压力剧烈震动	进水管侵入深度不够，水池水位低，进水口堵塞；泵内有空气或密封不严；进水管阻力过大	重新安装
离心泵吸入困难或不输水	泵内有气，密封不严；转向不对；吸入管及叶轮堵塞；出水管阻力过大；进水阀或出水阀未开；泵的转速不够；电压低；出口阀或止逆阀损坏	灌泵，排除泵内气体，修复密封；调整转向；清理吸入管和叶轮；减小出水管阻力；打开进水阀和出水阀；提高转速；检查电压；修复或更换出口阀和止逆阀；提高吸入液面压力
流量减小或压头降低	排水管漏水；叶轮堵塞；出口阀开度不够；转速不够；泵漏气；破裂；机械损坏；吸入高度增加；液体温度高；液体黏度增加	检查来水情况；清除泵内杂物；检查电机转向或电流
离心泵电流增大	液体比重或黏度增大；轴承动量大；机械摩擦大；填料压得太紧；输水量过大	更换泵，重新安装
离心泵抽空	水温太高，水位太低；汽化；来水管路堵塞；入口阀损坏；叶轮堵塞，泵漏气	调整安装高度，检查并清理来水管路；修复或更换入口阀；清理叶轮和修复漏气部位；提高吸入液面压力

故障现象	故障产生原因	故障处理方法
离心泵震动	叶片水力冲击引起的震动；汽蚀引起的震动；在低于最小流量下引起的震动；中心不正引起的震动；转子不平衡引起的震动；油膜振荡引起的震动；转子接近临近转速引起的震动	对叶轮进行平衡校正

▶ 子任务5　离心泵仿真操作 ◀

在工业生产和国民经济的许多领域，常需对液体进行输送或加压，能完成此类任务的机械称为泵。而其中靠离心作用的叫离心泵。由于离心泵具有结构简单，性能稳定，检修方便，操作容易和适应性强等特点，在化工生产中应用十分广泛，据统计超过80%的液体输送设备中采用了离心泵。所以，离心泵的操作是化工生产中最基本的操作。现需要将来自某一设备约40℃的带压液体按照恒定流量输送出去。在操作过程中体会操作的原理、方法及相关工艺参数对流体输送的影响。

一、工艺流程

1. 工艺说明

来自某一设备约40℃的带压液体经调节阀LV101进入带压罐V101，罐液位由液位控制器LIC101通过调节V101的进料量来控制；罐内压力由PIC101分程控制，PV101A、PV101B分别调节进入V101和出V101的氮气量，从而保持罐压PIC101恒定在506.625 kPa(5.0 atm)。罐内液体由泵P101A/B抽出，泵出口流量在流量调节器FIC101的控制下输送到其他设备。离心泵的DCS图和现场流程图如图1-40及图1-41所示。

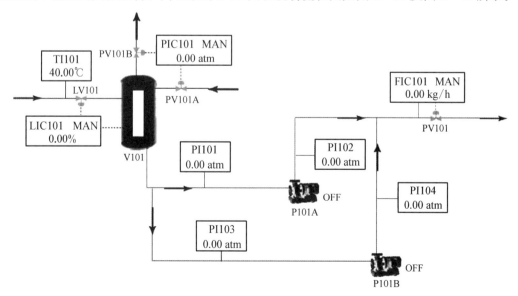

图1-40　离心泵DCS图

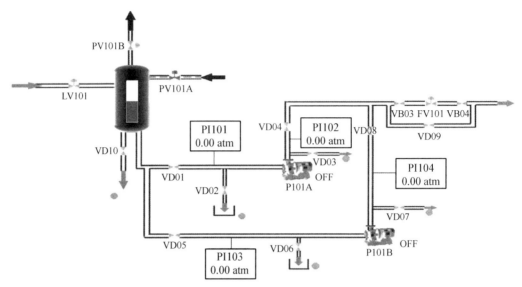

图 1‐41　离心泵现场流程图

2. 仪表说明

本操作涉及的仪表见表 1‐12。

表 1‐12　相关仪表说明

位号	说明	类型	正常值	量程上限	量程下限	项目单位	高报	低报
FIC101	离心泵出口流量	PID	20 000.0	40 000.0	0.0	kg/h	—	—
LIC101	V101 液位控制系统	PID	50.0	100.0	0.0	%	80.0	20.0
PIC101	V101 压力控制系统	PID	5.0	10.0	0.0	atm	—	2.0
PI101	泵 P101A 入口压力	AI	4.0	20.0	0.0	atm	—	—
PI102	泵 P101A 出口压力	AI	12.0	30.0	0.0	atm	13.0	—
PI103	泵 P101B 入口压力	AI	4.0	20.0	0.0	atm	—	—
PI104	泵 P101B 出口压力	AI	12.0	30.0	0.0	atm	13.0	—
TI101	进料温度	AI	50.0	100.0	0.0	℃	—	—

二、实训要领

1. 冷态开车过程:包括盘车,V101 充液充压,PIC101 投自动,灌泵排气,启动离心泵,打开出口阀(注意条件),调整各参数达正常后投自动。

2. 正常运行过程:主要维持各工艺参数稳定运行,密切注意参数变化。

3. 正常停车与紧急停车过程:包括停进料、停泵、泵泄液、储槽泄液泄压等操作。

4. 事故处理过程:包括泵坏、阀卡、管堵、汽蚀、气缚现象事故判断方法与处理方法。

▶ 子任务6　认识其他类型液体输送机械 ◀

一、往复泵

往复泵是利用活塞往复运动将能量传递给液体以完成液体输送任务,是化工生产中应用较广泛的容积式泵。输送液体的流量只与往复位移有关,而与管路情况无关;但压头只与管路情况有关,具有这种特性的泵称为正位移泵。往复泵一般包括柱塞泵、隔膜泵和计量泵。

1. 柱塞泵

（1）结构与工作原理

柱塞泵的结构如图1-42所示,主要部件有泵缸、活塞（柱塞）、吸入阀和排出阀。吸入阀和排出阀均为单向阀。活塞由曲柄连杆机构带动而做往复运动。当活塞在外力作用下向一侧移动时,泵体内形成低压,排出阀受压而关闭,吸入阀则被泵外液体的压力推开,将液体吸入泵内;当活塞向另一侧移动时,由于活塞的挤压使泵内液体压力增大,吸入阀受压而关闭,而排出阀受压开启,将液体排出泵外。因此活塞做往复运动,液体就间歇地被吸入或排出。可见,往复泵是通过活塞将外加功以静压能的方式传递给液体的。

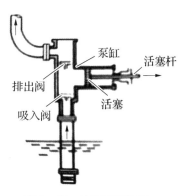

图1-42　柱塞泵结构图

柱塞泵按照作用方式分为单动柱塞泵和双动柱塞泵。单动柱塞泵活塞往复一次只吸液一次和排液一次;双动柱塞泵活塞两边都在工作,每个行程均在吸液和排液。

（2）输液量及其调节

单缸、单动柱塞泵的理论平均流量为：

$$Q_T = ASn \tag{1-38}$$

式中：Q_T 为柱塞泵的理论流量,单位为 m^3/min；A 为活塞截面积,单位为 m^2；S 为活塞的冲程,单位为 m；n 为活塞每分钟的往复次数。

实际中,由于活门启闭滞后,活门、活塞、填料函等存在泄漏,实际平均输液量为：

$$Q = \eta Q_T \tag{1-39}$$

式中：η 为柱塞泵的容积效率,一般为 70% 以上,大泵的效率高于小泵。

柱塞泵的扬程与泵的几何尺寸无关,理论上与流量也无关,只是在扬程较高时,容积效率降低,流量稍有减少。柱塞泵主要用于小流量、高扬程的场合,尤其适合输送高黏度液体。柱塞泵的工作点仍为管路特性曲线与泵特性曲线的交点。

（3）流量调节

① 旁路调节。旁路调节是指泵的送液量不变,只是让部分被压出的液体返回贮池,使主管中的流量发生变化。显然这种调节方法很不经济,只适用于流量变化幅度较小的

经常性调节。

② 改变原动机转速,从而改变活塞的往复次数。因电动机是通过减速装置与柱塞泵相连的,所以改变减速装置的传动比可以很方便地改变曲柄转速,从而改变活塞自往复运动的频率,达到调节流量的目的。

③ 改变活塞的冲程。

2. 隔膜泵

隔膜泵(防腐蚀泵)如图1-43所示,隔膜是用耐腐性的弹性材料制作的,它可将活塞与腐蚀性液体隔离。当隔膜泵的活塞做往复运动时,迫使隔膜交替地向两侧弯曲,从而使液体在隔膜左侧轮流地被吸入和压出。隔膜泵的隔膜根据不同液体介质分别采用丁腈橡胶、氯丁橡胶、氟橡胶、聚偏氟乙烯、聚四六乙烯等制作。隔膜泵外壳共有四种材质:塑料、铝合金、铸铁、不锈钢。隔膜泵安置在各种特殊场合,用来抽送各种常规泵不能抽吸的介质。

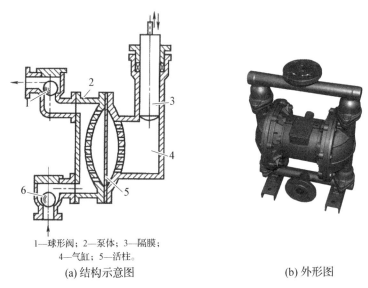

1—球形阀;2—泵体;3—隔膜;
4—气缸;5—活柱。

(a) 结构示意图　　　　　　　　(b) 外形图

图1-43　隔膜泵结构示意图与外形图

3. 计量泵

计量泵也称定量泵或比例泵,如图1-44所示。计量泵是一种可以满足各种严格的工艺流程需要,流量可以在0～100%范围内无级调节,并用来输送液体(特别是腐蚀性液体)的一种特殊容积泵。计量泵的突出特点是可以保持与排出压力无关的恒定流量。使用计量泵可以同时完成输送、计量和调节的功能,从而简化生产工艺流程。使用多台计量泵,可以将几种介质按准确比例输入工艺流程中进行混合。由于其自身的突出特点,计量泵如今已被广泛地应用于石油化工、制药、食品等各工业领域中。

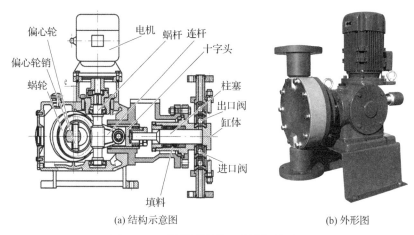

(a) 结构示意图　　　　(b) 外形图

图 1 - 44　计量泵结构示意图与外形图

二、旋转泵

旋转泵又称为转子泵,是依靠泵壳内一个或多个转子的旋转吸入和排出液体。其扬程高、流量均匀且恒定。旋转泵的结构形式较多,最常用的有齿轮泵和螺杆泵。

1. 齿轮泵

齿轮泵的主要构件为泵壳和一对相互啮合的齿轮,如图 1 - 45 所示,其中一个齿轮由电动机带动,称主动轮,另一个齿轮为从动轮。两齿轮与泵体间形成吸入和排出空间。当两齿轮沿着箭头方向旋转时,在吸入空间因两齿轮的齿互相拔开,形成低压而将液体吸入齿穴中,然后液体分两路,由齿沿壳壁推送至排出空间,两齿轮的齿又互相合拢,形成高压而将液体排出。

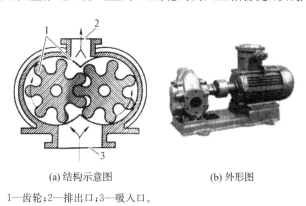

(a) 结构示意图　　　　(b) 外形图

1—齿轮;2—排出口;3—吸入口。

图 1 - 45　齿轮泵结构示意图与外形图

齿轮泵的压头高而流量小,适用于输送高黏度液体及膏糊状物料,但不能输送有固体颗粒的悬浮液。

2. 螺杆泵

螺杆泵主要由泵壳与一根或一根以上的螺杆构成,如图 1 - 46 所示。图 1 - 46(a)所示为一单螺杆泵。此类泵的工作原理是螺杆在螺纹形的泵壳中偏心转动,将液体沿轴间推进，最后挤压至排出口推出。图 1-46(b)所示的双螺杆泵与齿轮泵十分相似，它利用两根相互啮合的螺杆来排送液体。当所需的扬程很高时，可采用长螺杆。

螺杆泵的扬程高，效率高，运转时噪声小，振动小，且流量均匀，适用于输送高黏度液体。

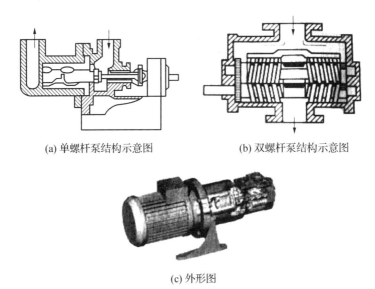

(a) 单螺杆泵结构示意图　　　　　(b) 双螺杆泵结构示意图

(c) 外形图

图 1-46　螺杆泵结构示意图与外形图

三、旋涡泵

旋涡泵是依靠离心力对液体做功的泵，但其壳体是圆形而不是蜗牛形，因此易于加工，叶片很多，而且是径向的，吸入口与排出口在同侧并由隔舌隔开，如图 1-47 所示。工作时，液体在叶片间反复运动，多次接受原动机械的能量，因此能形成比离心泵更大的压头，而流量小，其扬程从 15 m 至 132 m，流量范围从 0.36 m³/h 到 16.9 m³/h。由于流体在叶片间的反复运动，造成大量能量损失，因此效率低，约在 15%～40%。

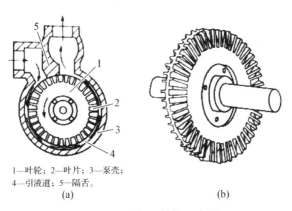

1—叶轮；2—叶片；3—泵壳；
4—引液道；5—隔舌。
(a)　　　　　　　　　　(b)

图 1-47　旋涡泵结构示意图

旋涡泵适用于输送流量小而压头高、无腐蚀性和具有腐蚀性的无固体颗粒的液体。其性能曲线除功率-流量曲线与离心泵相反外，其他与离心泵相似。旋涡泵流量采用旁路调节。

任务六　操作气体输送设备

气体输送机械在化工生产中具有广泛的应用。气体输送机械的结构和原理与液体输送机械大体相同,也有离心式、旋转式、往复式及流体作用式等类型。但气体具有可压缩性和比液体小得多的密度(约为液体密度的1/1 000),从而使气体输送具有某些不同于液体输送的特点。通常,按终压或压缩比(出口压力与进口压力之比)可以将气体压送机械分为四类,如表1-13所示。

表 1-13　气体压送机械的分类

类型	终压(表压)/kPa	压缩比	用途
通风机	<15	1～1.15	用于换气通风
鼓风机	15～300	1.15～4	用于送气
压缩机	>300	>4	造成高压
真空泵	当地大气压	由真空度决定	用于减压操作

▶ 子任务 1　认识离心式压缩机 ◀

离心式压缩机又称为透平压缩机,其主要特点是转速高(可达10 000 r/min以上)、运转平稳、气量大、风压较高。化工生产中在一些要求压力不太大而排气量很大的情况应用越来越多。

一、离心式压缩机的结构和工作原理

离心式压缩机的结构和工作原理与多级鼓风机相似,只是级数更多些(通常在十级以上)、结构更精密些。气体在叶轮带动下做旋转运动,通过离心力的作用使气体的压力逐级增高,最后可以达到较高的排气压力。离心式压缩机叶轮转速高,一般在5 000 r/min以上,因此可以产生很高的出口压强。目前离心式压缩机的送气量可以达到3 500 m³/min,出口最大压力可以达到70 MPa。

图1-48是离心式压缩机的结构示意图,其主轴与叶轮均由合金钢制成。气体经吸入室1进入第一个叶轮2内,在离心力的作用下,其压力和速度都得到提高,在每级叶轮之间设有扩压器,在从一级压向另一级的过程中,气体在蜗形通道中部分动能转化为静压能,进一步提高了气体的压力;经过逐级增压作用,气体最后将以较大的压力经与蜗室6相连的压出管向外排出。

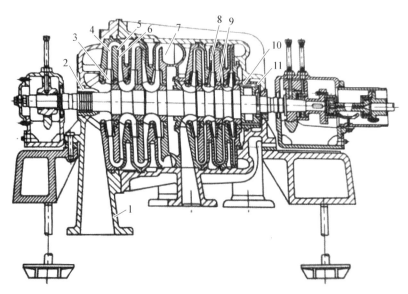

1—吸入室；2,10—轴端密封；3—叶轮；4—扩压器；5—弯道；6—回流器；7—蜗室；8—轮盖密封；9—隔板密封；11—平衡盘。

图 1 - 48　离心式压缩机结构示意图

　　由于气体的压力增高较多，气体的体积变化较大，所以叶轮的直径应制成不同大小。一般是将其分成几段，每段可设置几级，每段叶轮的直径和宽度依次缩小。段与段之间设置中间冷却器，以避免气体的温度过高。

　　离心式压缩机具有体积小、重量轻、占地少、运转平稳、排量大而均匀、操作维修简便等优点，但也存在着制造精度要求高、加工难度大、给气量变动时压力不稳定、负荷不足时效率显著下降等缺点。

二、离心式压缩机的性能曲线

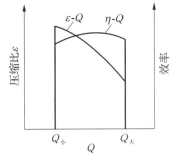

图 1 - 49　典型的离心式
压缩机性能曲线示意图

　　离心式压缩机的性能曲线与离心泵的特性曲线相似，是由实验测得的。图 1 - 49 为典型的离心式压缩机性能曲线，它与离心泵的特性曲线很相似，但其最小流量 Q 不等于零，而等于某一定值。离心式压缩机也有一个设计点，当实际流量等于设计流量时，效率 η 最高；流量与设计流量偏离越大，则效率越低；一般流量越大，压缩比越小，即进气压强一定时流量越大出口压强越小。

　　当实际流量小于性能曲线所表明的最小流量时，离心式压缩机就会出现一种不稳定工作状态，称为喘振。喘振现象开始时，由于压缩机的出口压强突然下降，不能送气，出口管内压强较高的气体就会倒流入压缩机。发生气体倒流后，压缩机内的气量增大，至气量超过最小流量时，压缩机又按性能曲线所示的规律正常工作，重新把倒流进来的气体压送出去。压缩机恢复送气后，机内气量减少，至气量小于最小流量时，压强又突然下降，压缩机出口处压强较高的气体又重新倒流入压缩机内，重复出现上述的现象，从而周而复始地进行气体的倒流与排出。在这个过程中,压缩机和排气管系统产生一种低频率、高振幅的压强脉动,使叶轮的应力增加,噪声加重,整个机器强烈振动,无法工作。由于离心式压缩机有可能发生喘振现象,它的流量操作范围受到相当严格的限制,不能小于稳定工作范围的最小流量。一般最小流量为设计流量的70%～85%。压缩机的最小流量随叶轮转速的减小而降低,也随气体进口压强的降低而降低。

▶ 子任务2　选择离心式压缩机 ◀

　　离心式压缩机是一种常用的压缩设备,用于将气体压缩为更高压力的状态。在选择离心式压缩机时,需要考虑一些重要的因素,以确保选择和使用合适的设备。

　　第一,需要考虑压缩机的功率和压力。应根据实际需要,选择具有足够功率的离心式压缩机,以满足操作要求。此外,还需要确保压缩机的压力范围符合所需的工作压力,以确保系统的正常运行。

　　第二,需要考虑压缩机的流量。应根据实际需要,选择具有足够流量的离心式压缩机,以满足工作设备或系统的气体需求。流量通常以单位时间内的标准体积或实际体积来表示,根据具体应用和需求来选择。

　　第三,需要考虑压缩机的效率。压缩机的效率取决于其能源消耗和压缩效果。选择具有较高效率的离心式压缩机,可以减少能源消耗和运行成本,提高系统的整体效率。

　　第四,需要考虑压缩机的噪声和振动水平。特别是在需要保持低噪声或要求安静环境的场所,选择具有低噪声和低振动特性的离心式压缩机是很重要的。

　　第五,需要考虑压缩机的可靠性和耐久性。选择具有高质量和可靠性的离心式压缩机,可以减少故障和维修次数,提高设备的使用寿命和稳定性。

　　第六,需要考虑压缩机的安全性能。应选择具有安全保护装置和系统的离心式压缩机,确保设备在运行过程中符合安全标准,预防意外事故的发生。

　　第七,需要考虑压缩机的价格和品牌。应根据实际预算和需求,选择性价比合适的离心式压缩机。同时,尽量选择知名品牌的设备,可以保证产品质量和售后服务。

　　综上所述,选购离心式压缩机时需要考虑功率、压力、流量、效率、噪声和振动水平、可靠性、安全性能、价格和品牌等因素,并根据具体的工作需求和实际情况,做出明智的选择。这样才能获得适合的离心式压缩机,满足工作要求,并提高设备的使用效果和效率。

▶ 子任务3　操作离心式压缩机 ◀

一、开车前的准备工作

　　1. 检查电器开关、声光信号、联锁装置、轴位计、防喘振装置、安全阀以及报警装置等是否灵敏、准确、可靠。

　　2. 检查油箱内有无积水和杂质,保持油位不低于油箱高度的2/3;油泵和过滤器是否正常;油路系统阀门开关是否灵活好用。

　　3. 检查冷却水系统是否畅通,有无渗漏现象。

4. 检查进气系统有无堵塞现象和积水存液,排气系统阀门、安全阀和正回阀是否灵敏可靠。

二、启动压缩机

1. 先开油泵使各润滑部位充分有油,检查油压、油量是否正常;检查轴位计是否处于零位和进出阀门是否打开。

2. 启动后空车运行 15 min 以上,未发现异常,逐渐关闭放空阀进行升压,同时打开送气阀向外送气。

3. 经常注意气体压力、轴承温度、压力和电流大小、气体流量、主机转速等,发现问题及时调整。

4. 经常检查压缩机运行的声音和振动情况,有异常及时处理。

5. 经常查看和调节各段的排气温度及压力,防止过高或过低。

6. 严防压缩机抽空和倒转现象发生,以免损坏设备。

三、压缩机停车

1. 正常停车

压缩机正常停车时要同时关闭进气阀门和排气阀门。先停主机、油泵和冷却水,当汽缸和转子温度较高时,应每隔 15 min 将转子转 180°,直到温度降至 30℃ 为止,以防转子弯曲。

2. 紧急停车

遇到下列情况时,应做紧急停车处理:

(1) 断电、断油、断时。

(2) 油压迅速下降,超过规定极限而联锁,装置不工作时。

(3) 轴承温度超过报警值仍继续上升时。

(4) 电动机冒烟有火花时。

(5) 轴位计指示超过指标,保安装置不工作时。

(6) 压缩机发生剧烈振动或有异常声响时。

四、离心式压缩机的故障处理

1. 气阀故障

压缩机气阀工作不正常(阀片、弹簧损坏)会导致气体压力及温度发生变化。比如吸气阀泄漏,会使该排气压力下降,吸气压力升高,还会发出不正常的声响;如果排气阀泄漏,会使该级的进气压力及排气温度升高。因此,气阀工作是否正常,可以从声响、温度及压力的变化情况反映出来;反之机器的操作参数发生了变化,也能正确地判断出故障之所在。

2. 测量仪表故障

测量仪表不灵敏,就不能正确地显示出情况,机器的运转就失去了控制,这是非常危险的,也是绝对不允许的。因此,定期校验或更换检测仪表,应成为一种制度。

3. 安全阀故障

安全阀如果失灵,当压缩机超载而不能卸荷或未到负荷而卸压都会造成重大事故,尤其是前者,造成的损失更大。因此,对安全阀进行检修、调节或更换,应定期进行。

▶ 子任务4　认识其他类型气体输送机械 ◀

一、离心式通风机

工业上常用的通风机主要有离心式通风机和轴流式通风机两种。轴流式通风机所产生的风压很小,一般只作通风换气之用。用于气体输送的,多为离心式通风机。

离心式通风机的工作原理和离心泵一样,在蜗壳中有一个高速旋转的叶轮,借叶轮旋转时所产生的离心力将气体压力增大而排出。离心式通风机的结构与单级离心泵也大同小异,图1-50为一台离心式通风机的示意图。它的机壳是蜗壳形,壳内逐渐扩大的气体通道及其出口的截面则有方形和圆形两种,一般中、低压通风机气体通道及其出口的截面多是方形的,高压的多为圆形。通风机叶轮上的叶片数目较多且长度较短,叶片有平直的、后弯的,亦有前弯的。如图1-51所示为一台低压通风机所用的平叶片叶轮示意图。中、高压通风机的叶片是弯曲的,因此,高压通风机的外形与结构更像单级离心泵。根据所生产的压头大小,可将离心式通风机分为以下几种。

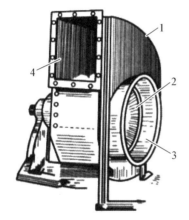
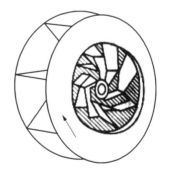

1—机壳;2—叶轮;3—吸入口;4—排出口。

图1-50　离心式通风机　　　　图1-51　低压通风机的叶轮

1. 低压离心通风机

低压离心通风机出口风压低于 9.807×10^2 Pa(表压)。

2. 中压离心通风机

中压离心通风机出口风压为 $9.807 \times 10^2 \sim 2.942 \times 10^3$ Pa(表压)。

3. 高压离心通风机

高压离心通风机出口风压为 $2.942 \times 10^3 \sim 1.47 \times 10^4$ Pa(表压)。

二、离心式鼓风机

离心式鼓风机又称透平鼓风机,常采用多级(级数范围为 2～9 级)形式,故其基本结构和工作原理与多级离心泵较为相似。如图 1-52 所示为五级离心式鼓风机结构,气体由吸气口吸入后,经过第一级的叶轮和第一级扩压器转入第二级叶轮入口,再依次逐级通过以后的叶轮和扩压器,最后经过蜗形壳由排气口排出,其出口表压可达 300 kPa。

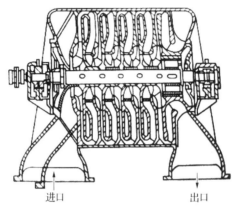

进口　　　　　　　　　　　出口

图 1-52　五级离心式鼓风机

由于在离心式鼓风机中气体的压缩比不大,所以无须设置冷却装置,各级叶轮的直径也大致相等,其选用方法与离心式通风机相同。

三、罗茨鼓风机

罗茨鼓风机是两个相同转子形成的一种压缩机械,转子的轴线互相平行,转子之间、转子与机壳之间均具有微小的间隙,避免相互接触。借助两转子反向旋转,可使机壳内形成两个空间,即低压区和高压区。气体由低压区进入,从高压区排出,如图 1-53。改变转子的旋转方向,吸入口和压出口互换。由于转子之间、转子与机壳之间间隙很小,所以运行时不需要往气缸内注润滑油,不需要油气分离器辅助设备。转子之间不存在机械摩擦,因此具有机械效率高、整体发热少、输出气体清洁、使用寿命长等优点。一般在要求输送量不大,压力在 $9.8 \times 10^3 \sim 1.96 \times 10^4$ Pa 的场合使用,特别适用于要求流量稳定的场合。

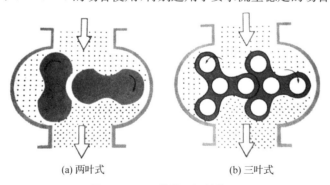

(a) 两叶式　　　　　　　　　(b) 三叶式

图 1-53　罗茨鼓风机结构图

罗茨鼓风机是容积式风机,输出的风量与转速成正比,而与出口压力无关,分为两叶式和三叶式两种,见图1-53。工作时,叶子在机体内通过同步齿轮作用,相对反向等速旋转,使吸气跟排气隔绝,叶子旋转,将机体内的气体由进气腔推送至排气腔,排出气体达到鼓风的目的。两叶风机[图1-53(a)]叶子旋转一周,进行2次吸、排气;三叶风机[图1-53(b)]叶子转动一周进行3次吸、排气。三叶风机机壳采用螺旋线型结构,与二叶式风机相比,具有气流脉动少、负荷变化小、噪声低、振动小、叶轴结构一体、故障起因少等优点。

罗茨鼓风机的出口应安装气体稳压罐与安全阀,流量采用旁路调节,出口阀不能完全关闭。其操作温度应不超过85℃,否则会引起转子受热膨胀,发生碰撞。

四、喷射式真空泵

真空泵是将气体由大气压以下的低压气体经过压缩而排向大气的设备,其实际也是一种压缩机。真空泵类型很多,主要有往复式真空泵、旋转真空泵、喷射真空泵等。

喷射式真空泵简称喷射器,如图1-54所示,是利用流体流动时,静压能与动压能相互转换的原理来吸送流体的。它可用于吸送气体,也可吸送液体。在化工生产中,喷射泵常用于抽真空,故称为喷射式真空泵。

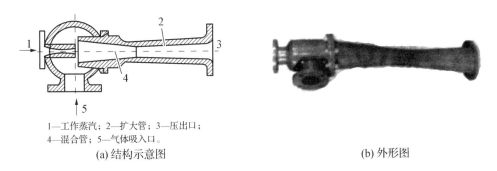

1—工作蒸汽;2—扩大管;3—压出口;
4—混合管;5—气体吸入口。

(a) 结构示意图　　　　　　　　　(b) 外形图

图1-54　喷射泵结构示意图与外形图

图1-54所示的为单级蒸汽喷射泵,当蒸汽进入喷嘴后,即做绝热膨胀,并以极高的速度喷出,于是在喷嘴口处形成低压而将流体由吸入口吸入;吸入的流体与工作蒸汽一起通入混合室,然后流至扩大管,在扩大管中混合流体的流速逐渐降低,压力增大,最后至压出口排出。单级蒸汽喷射泵仅能达到90%的真空度,如果要得到更高的真空度,则需采用多级蒸汽喷射泵。

单级蒸汽喷射泵可产生的最终绝对压为100 mmHg;双级蒸汽喷射泵可产生的最终绝对压为20~120 mmHg;三级蒸汽喷射泵可产生的最终绝对压为4~25 mmHg;四级蒸汽喷射泵可产生的最终绝对压为0.3~6 mmHg;五级蒸汽喷射泵可产生的最终绝对压为0.05~1 mmHg。

喷射泵构造简单,制造容易,可用各种耐腐蚀材料制成,不需基础工程和传动设备。但由于喷射泵的效率低,只有10%~25%,故一般多用作抽真空,而不作输送用。

自测练习

一、填空题

1. 温度升高,气体的密度_____,液体的密度_____。
2. 流体包括_____和_____。
3. 静止流体内部等压面的条件是_____、_____、_____、_____。
4. 流体的流动类型分为_____和_____,湍流时 Re 为_____。
5. 流体的机械能包括_____、_____和_____。
6. 离心泵主要由_____、_____和轴封装置等组成。
7. 真空度、大气压强和绝对压强之间的关系_____。
8. 当地大气压为 745 mmHg,测得一容器内的绝对压强为 350 mmHg,则真空度为_____Pa;测得另一容器内的表压为 1 360 mmHg,则其绝对压强为_____Pa。
9. 离心泵启动前应关闭出口阀,是为了_____。
10. 离心泵的特性曲线中,随着流量的增大,扬程_____,轴功率_____,效率_____。

二、选择题

1. 流体通过单位截面积的体积流量称为 (　　)
   A. 组成　　　　B. 流量　　　　C. 收率　　　　D. 流速
2. 已知输水管道内径为 200 mm,输水量为 0.1 m³/s,则管内水的平均流速为 (　　)
   A. 2.18 m/s　　B. 2.28 m/s　　C. 3.18 m/s　　D. 3.28 m/s
3. 下列不属于离心泵性能参数的是 (　　)
   A. 流量　　　　B. 扬程　　　　C. 外界温度　　　D. 效率
4. 离心泵最简单、最常用的调节方法是 (　　)
   A. 改变叶轮转速　　　　　　B. 改变排出管路中阀门开度
   C. 安置回流支路,改变循环量的大小　　D. 车削离心泵的叶轮
5. 已知管内径为 200 mm,黏度为 0.01 Pa·s,密度为 1 080 kg/m³ 的液体以 0.2 m/s 的流速流动,则流体流动形态为 (　　)
   A. 层流　　　　　　　B. 过渡状态
   C. 湍流　　　　　　　D. 不能确定
6. 图 1-55 中的 R 值大小反映了 (　　)
   A. $A—A$、$B—B$ 两截面间压差值
   B. $A—A$、$B—B$ 截面间流动压降损失
   C. $A—A$、$B—B$ 两截面间动压头变化
   D. 突然扩大或缩小流动损失

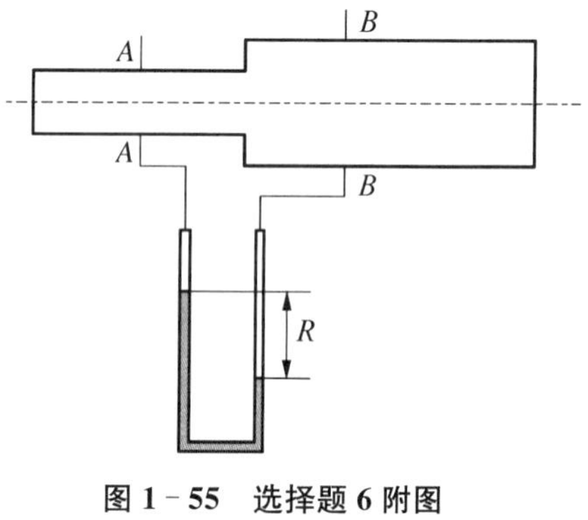

图 1-55　选择题 6 附图

7. 压强通常有三种表示方法 (　　)

A. 绝对压强、标准压强、表压 　　　　B. 标准压强、表压、真空度

C. 绝对压强、标准压强、真空度 　　　D. 绝对压强、表压、真空度

8. 当离心泵内充满空气时,将发生气缚现象,这是因为 　　　　　　　（　　）

A. 气体的黏度太小 　　　　　　　　B. 气体的密度太小

C. 气体比液体更容易起漩涡 　　　　D. 气体破坏了液体的连续性

9. 气体在管径不同的管道内稳定流动时,它的_____不变。 　　　　（　　）

A. 流速 　　　　B. 质量流量 　　　C. 体积流量 　　　D. 质量流量和体积流量

10. 离心泵启动不进水的原因是 　　　　　　　　　　　　　　　　　（　　）

A. 吸入管浸入深度不够 　　　　　　B. 填料压得过紧

C. 泵内发生汽蚀现象 　　　　　　　D. 轴承润滑不良

11. 离心泵的效率和流量的关系为 　　　　　　　　　　　　　　　　（　　）

A. 流量增大,效率增大 　　　　　　B. 流量增大,效率减小

C. 流量增大,效率不变 　　　　　　D. 流量增大,效率先增大后减小

12. 两台同型号的离心泵串联使用后,扬程 　　　　　　　　　　　　（　　）

A. 减小 　　　　B. 保持不变 　　　C. 增加不到两倍 　　D. 增加两倍

13. 离心泵输送液体的黏度越大,则 　　　　　　　　　　　　　　　（　　）

A. 泵的扬程越大 　　B. 流量越大 　　C. 效率越大 　　　D. 轴功率越大

14. 转子流量计的主要特点是 　　　　　　　　　　　　　　　　　　（　　）

A. 恒截面、恒压差 　　　　　　　　B. 变截面、变压差

C. 恒流速、恒压差 　　　　　　　　D. 变流速、变压差

15. 离心泵铭牌上标明的扬程是指 　　　　　　　　　　　　　　　　（　　）

A. 功率最大时的扬程 　　　　　　　B. 最大流量时的扬程

C. 泵的最大扬程 　　　　　　　　　D. 效率最高时的扬程

16. 离心泵停车时应该 　　　　　　　　　　　　　　　　　　　　　（　　）

A. 首先断电,再关闭出口阀 　　　　B. 先关闭出口阀,再断电

C. 关闭与断电不分先后 　　　　　　D. 效率最高时的扬程

17. 关于泵的工作点,下列说法正确的是 　　　　　　　　　　　　　（　　）

A. 由泵铭牌上的流量和扬程决定

B. 即泵的最大效率所对应的点

C. 由泵的特性曲线决定

D. 是泵的特性曲线与管路特性曲线的交叉点

18. 离心泵的实际安装高度应____允许安装高度,避免发生汽蚀现象。 　（　　）

A. 大于 　　　　B. 小于 　　　　　C. 等于 　　　　　D. 近似于

19. 泵在运行的时候发现有汽蚀现象,应该 　　　　　　　　　　　　（　　）

A. 停泵,向泵内灌液 　　　　　　　B. 降低泵的安装高度

C. 检查进口管路是否漏液 　　　　　D. 检查出口管阻力是否过大

20. 往复泵是用于____的场合。 　　　　　　　　　　　　　　　　（　　）

A. 大流量且要求流量均匀 　　　　　B. 介质腐蚀性强

C. 小流量且压头要求较高　　　　　D. 小流量且要求流量均匀

三、判断题

1. 流体的黏度越大,在相同的流动情况下,产生的流动阻力越大。　　　　（　）
2. 真空度是流体的真实压强。　　　　（　）
3. 调节离心泵的流量,主要是靠开大或关小泵的进口阀门来实现的。　　　　（　）
4. 阀门不能速开速关。　　　　（　）
5. 流体的流动类型分为层流和湍流两种,流体雷诺准数越大,流体湍动程度越低。

　　　　（　）

6. 齿轮泵是用进出口阀门调节流量的。　　　　（　）
7. 液体在管内流动时,截面积越大,流速越大。　　　　（　）
8. 往复泵具有自吸能力。　　　　（　）
9. 往复式压缩机实际工作循环分为压缩阶段、压出阶段、吸气阶段。　　　　（　）
10. 流体做稳定流动时,管道任一截面上的质量流量相等。　　　　（　）

四、问答题

1. 离心泵的气缚现象是怎么产生的? 为防止气缚现象发生应采取什么措施?

2. 离心泵的泵体是蜗壳形的,其作用是什么?

3. 离心泵的铭牌上有哪些参数? 是在什么条件下得到的?

4. 离心泵的工作点是怎样确定的? 改变工作点的方法有哪些? 分别是如何改变工作点的?

5. 离心泵有哪几种调节流量的方法?

五、计算题

1. 密度为 $1\,820\ kg/m^3$ 的硫酸,定态流过内径为 50 mm 和 68 mm 的管组成的串联管路,体积流量为 150 L/min。试求硫酸在大管和小管中的质量流量(kg/s)和流速(m/s)。

2. 当大气压力是 760 mmHg 时,水面下 6 m 深处的绝对压强是多少?

3. 甲烷在图 1-56 所示的管路中流动。管路内径从 200 mm 逐渐缩小到 100 mm,在操作条件下甲烷的平均密度为 $1.43\ kg/m^3$,流量为 $1\,700\ m^3/h$。在粗细两管间连接一 U 形压差计,指示液为水(密度为 $1\,000\ kg/m^3$),若忽略两截面间的能量损失,问 U 形压差计的读数 R 为多少?

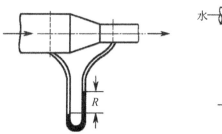

图 1-56　计算题 3 附图

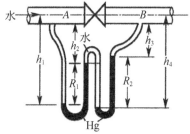

图 1-57　计算题 4 附图

4. 用一复式压差计测量水流过管路中 A、B 两点的压力差,如图 1-57 所示。指示液为汞,两 U 形管之间充满水,已知 $h_1=1.2\ \mathrm{m}$,$h_2=0.4\ \mathrm{m}$,$h_3=0.25\ \mathrm{m}$,试计算 A、B 两点的压力差。

5. 25℃水在 $\phi60\ \mathrm{mm}\times3\ \mathrm{mm}$ 的管道中流动,流量为 $20\ \mathrm{m}^3/\mathrm{h}$,试判断流型。

6. 某一高位槽供水系统如图 1-58 所示,管子规格为 $\phi45\ \mathrm{mm}\times2.5\ \mathrm{mm}$。当阀门全关时,压力表的读数为 78 kPa。当阀门全开时,压力表的读数为 75 kPa,且此时水槽液面至压力表处的能量损失可以表示为 $\sum h_\mathrm{f}=u^2$(J/kg)(u 为水在管内的流速)。试求:(1)高位槽的液面高度;(2)阀门全开时水在管内的流量(m^3/h)。

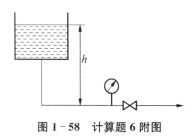

图 1-58　计算题 6 附图

7. 每小时将 $2\times10^4\ \mathrm{kg}$ 的溶液用泵从反应器输送到高位槽(见图 1-59)。反应器液面上方保持 $2.67\times10^4\ \mathrm{Pa}$ 的真空度,高位槽液面上方为大气压强。管道为 $\phi76\ \mathrm{mm}\times4\ \mathrm{mm}$ 的钢管,总长为 45 m,管线上有两个全开的闸阀、一个孔板流量计(局部阻力系数为 3.5)、五个标准弯头。反应器内液面与管路出口的距离为 15 m。若泵的效率为 0.75,求泵的轴功率。

已知:溶液的密度为 $1\ 073\ \mathrm{kg/m}^3$,黏度为 $6.3\times10^{-4}\ \mathrm{Pa\cdot s}$。管壁绝对粗糙度可取为 0.3 mm。

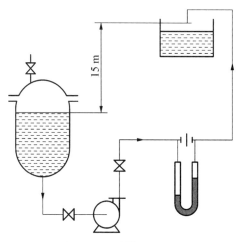

图 1-59　计算题 7 附图

　　传热是化工生产中较为重要的操作单元,而换热器是进行热交换操作的通用工艺设备。它广泛应用于石油化工、动力、冶金等工业部门,特别是在石油炼制和化学加工装置中,占有重要地位。传热即热量的传递,是自然界中普遍存在的物理现象,与动量传递、质量传递类似,是自然界与工程技术领域中最常见的传递现象。

　　在化工生产中,无论是化学过程还是物理过程几乎都涉及传热或传热设备,蒸发、精馏、吸收、萃取、干燥等单元操作都与传热过程有关,例如,在化工生产中有近40%设备是换热器,同时热能的合理利用对降低产品成本和环境保护有重要意义。因此,传热是重要的单元操作过程之一,在自然界、工农业生产和人们的日常生活中,传热过程无处不在。在化工生产中传热应用主要有以下几个方面:为化学反应创造必要的条件;为单元操作创造必要的条件;用于高热能的综合利用和余热的回收;为减少设备的热量(或冷量)损失,对设备和管道进行保温。

教学目标

素质目标

1. 培养积极进取、脚踏实地、甘于奉献、服务社会的职业道德。

2. 培养立足一线、专业素质过硬、动手能力较强的技能型人才。

知识目标

1. 熟知物料换热原理、常用的换热设备的结构和主要技术性能。

2. 熟悉换热设备选型的一般原则。

3. 掌握列管式换热器使用和维护的一般知识及安全防护措施。

4. 自主探索传热的新方法和有关新技术。

技能目标

1. 能确定化工生产中换热的工艺方案。

2. 能进行典型换热设备的开停车及正常运行操作。

3. 会进行换热设备的保养与维护。

4. 会分析判断和处理换热设备出现的异常故障。

任务导入

图2-1是生产甲醇的无饱和热水塔全低变流程；这个过程所应用的传热过程包括原料气的升温及变换后气体与原料气的热交换过程。

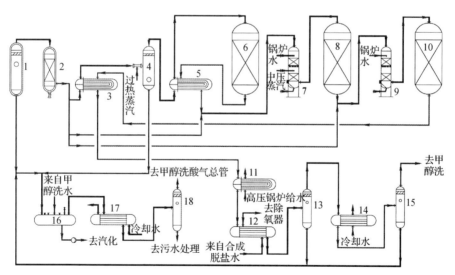

1,18—汽水分离器；2—过滤器；3—预热器；4—汽气混合器；5—煤气换热器；6—第一变换炉；7—第一淬冷过滤器；8—第二变换炉；9—第二淬冷过滤器；10—第三变换炉；11—锅炉给水预热器；12—除盐水预热器；13—第一变换气气水分离器；14—变换气冷却器；15—第二变换气气水分离器；16—冷凝液闪蒸槽；17—闪蒸汽冷却器。

图2-1　生产甲醇的无饱和热水塔全低变流程图

通过上述工程案例，我们认识到生产工艺中要实现流体的换热，必须完成的工作任务是：(1)选取参与换热的载热体；(2)确定参与换热的载热体必须具有温度差；(3)选择合适的换热器；(4)根据载热体的温度要求，在换热器内选择合适的流体流动路径。

任务一　认识化工换热设备

换热器是许多工业生产中重要的传热设备,换热器的类型很多,特点不一。前已述及工业上三种换热方法,即混合式、间壁式、蓄热式。其中以间壁式换热器应用最为普遍,这里仅讨论间壁式换热器的类型、结构和特点。

▶ 子任务 1　认识换热器的分类 ◀

在工程中,可将某种流体的热量以一定传热方式传递给其他流体的设备,称为换热器,又称热交换器。换热器是化工、石油、动力、食品及其他许多工业部门的通用设备。由于使用条件不同,换热设备又有各种各样的形式和结构。

一、按换热器的换热目的分类

换热器的换热目的有两个方面:(1) 为了向流体供给热量;(2) 为了移走流体的热量。根据换热器的目的用途,可将换热器分为以下 7 种:

1. 加热器:用于把流体加热到所需温度,被加热流体在加热过程中不发生相变。
2. 预热器:用于流体的预热。
3. 过热器:用于加热饱和蒸汽,使其达到过热状态。
4. 蒸发器:用于加热液体,使之蒸发汽化。
5. 再沸器:蒸馏过程的专用设备,用于加热已冷凝的液体,使之再受热汽化。
6. 冷却器:用于冷却流体,使之达到所需温度。
7. 冷凝器:用于冷凝饱和蒸汽,使之放出潜热而凝结液化。

二、按换热器的传热面形状和结构分类

按换热器的传热面形状和结构分为管式换热器和板式换热器。具体分类如下:

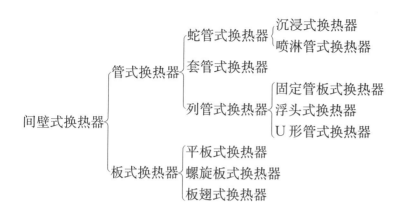

$$间壁式换热器 \begin{cases} 管式换热器 \begin{cases} 蛇管式换热器 \begin{cases} 沉浸式换热器 \\ 喷淋管式换热器 \end{cases} \\ 套管式换热器 \\ 列管式换热器 \begin{cases} 固定管板式换热器 \\ 浮头式换热器 \\ U 形管式换热器 \end{cases} \end{cases} \\ 板式换热器 \begin{cases} 平板式换热器 \\ 螺旋板式换热器 \\ 板翅式换热器 \end{cases} \end{cases}$$

▶ 子任务 2　认识常见换热器的结构及特点 ◀

一、管式换热器类型及特点

1. 蛇管式换热器

（1）沉浸式换热器

沉浸式换热器是将金属管弯绕成各种与容器相适应的形状（多盘成蛇形，常称蛇管，详见图 2-2），并沉浸在容器内的液体中，使蛇管内、外两种流体进行热量交换，沉浸式换热器结构示意图详见图 2-3。

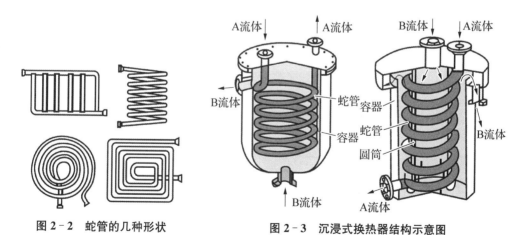

图 2-2　蛇管的几种形状　　　　图 2-3　沉浸式换热器结构示意图

优点：结构简单、价格低廉，能承受高压，可用耐腐蚀材料制造。

缺点：容器内液体湍动程度低，管外对流传热系数小。

（2）喷淋式换热器

喷淋式换热器也是一种蛇管式换热器，多用作冷却器。这种换热器是将蛇管成行地固定在钢架上，喷淋式换热器常放置在室外空气流通处，冷却水在空气中汽化时可带走一部分热量，提高了冷却效果（图 2-4）。因此，和沉浸式换热器相比，喷淋式换热器的传热效果要好得多,同时它还有便于检修和清洗等优点,其缺点是喷淋不易均匀。

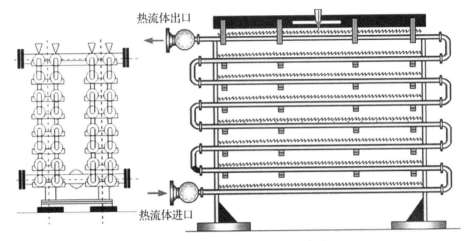

图 2-4 喷淋式换热器结构示意图

2. 套管式换热器

套管式换热器是由大小不同的直管制成的同心套管,并由 U 形弯头连接而成(图2-5)。每一段套管称为一程,每程有效长度约为 4～6 m,若管子过长,管中间会向下弯曲。

优点:在套管式换热器中,一种流体从管内流过,另一种流体从环隙流过,适当选择两管的管径,两流体均可得到较高的流速,且两流体可以为逆流,这对传热有利。另外,套管式换热器构造较简单,能耐高压,传热面积可根据需要增减,应用方便。

缺点:套管式换热器管间接头多,易泄露,占地较大,单位传热面消耗的金属量大,因此它较适用于流量不大,所需传热面积不多而要求压强较高的场合。

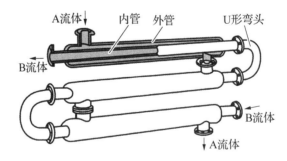

图 2-5 套管式换热器结构示意图

3. 列管式换热器

(1) 固定管板式

固定管板式换热器的两端管板采用焊接的方法和壳体制成一体(图 2-6),因此它具有结构简单和成本低的优点。但是壳程清洗和检修困难,要求壳程流体必须是洁净而不易结垢的物料。当两流体的温差较大时,应考虑热补偿,即在外壳的适当部位焊上一个补偿圈,当外壳和管束热膨胀不同时,补偿圈发生弹性变形(拉伸或压缩),以适应外壳和管束不同的热膨胀程度。这种补偿方法简单,但不宜应用于两流体温差过大(应不大于70℃)和壳程流体压强过高的场合。

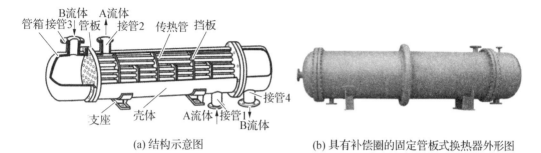

(a) 结构示意图　　　　　(b) 具有补偿圈的固定管板式换热器外形图

图 2-6　固定管板式换热器结构示意图及外形图

(2) 浮头式换热器

浮头式换热器(图 2-7)的特点是有一端管板不与外壳连为一体,可以沿轴向自由浮动。这种结构不但完全消除了热应力的影响,而且由于固定端的管板以法兰与壳体连接,整个管束可以从壳体中抽出,因此便于清洗和检修。浮头式换热器应用较为普遍,但它的结构比较复杂,造价较高。

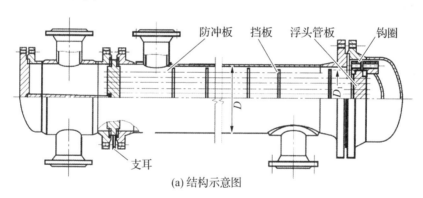

(a) 结构示意图

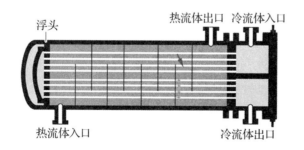

(b) 结构示意图

图 2-7　浮头式换热器结构示意图

(3) U 形管式换热器

U 形管式换热器(图 2-8)每根管子都弯成 U 形,进出口分别安装在同一管板的两侧,封头用隔板分成两室,这样每根管子都可以自由伸缩,而与其他管子和壳体均无关。这种换热器结构比浮头式简单,重量轻,但管程不易清洗,只适用于洁净而不易结垢的流体,如高压气体的换热。

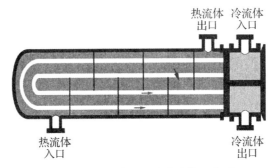

图 2-8　U 形管式换热器结构示意图

二、板式换热器类型及特点

1. 平板式换热器

平板式换热器简称板式换热器,是由一组长方形的薄金属板平行排列,并加紧组装于支架上而构成(图 2-9)。两相邻板片的边缘衬有垫片,压紧后板间形成密封的流体通道,且可用垫片的厚度调节通道的大小。每块板的四个角上,各开一个圆孔,其中有一对圆孔和一组板间流体通道相通,另外一对圆孔则通过在孔的周围放置垫片而阻止流体进入该组板间的通道。这两对圆孔的位置在相邻板上是错开的,分别形成两流体的通道。冷热流体交错地在板片两侧流过,通过板片进行换热。板片厚度约为 0.5~3 mm,通常压制成凹凸的波纹状,如人字形波纹板,这样既增加了板的刚度以防止板片受压时变形,又使流体分布均匀,增强了流体湍动程度和加大了传热面积,有利于传热。

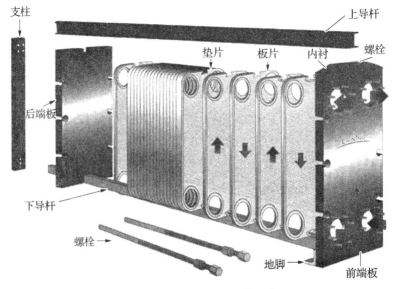

图 2-9　平板式换热器结构示意图

平板式换热器的优点如下：

（1）传热系数高：由于平板式换热器中板面有波纹或沟槽，可在低雷诺数（Re 为 200 左右）下达到湍流，而且板片厚度小，故传热系数大，如水对水的传热系数可达 1 500～4 700 W/(m² · K)。

（2）结构紧凑：一般平板式换热器的板间距为 4～6 mm，单位体积设备可提供的传热面积为 250～1 000 m²/m³（列管式换热器的传热面积只有 40～150 m²/m³）。平板式换热器的金属消耗量与列管式换热器的相比可减少一半以上。

（3）具有可拆结构：平板式换热器可根据需要，用调节板片数目的方法增减传热面积，操作灵活性大，检修、清洗也都比较方便。

平板式换热器的主要缺点：

（1）允许的操作压强和温度都比较低。通常平板式换热器操作压强低于 1.5 MPa，最高不超过 2.0 MPa，压强过高容易泄露。

（2）操作温度受垫片材料的耐热性限制，一般不超过 250℃。

（3）由于两板的间距仅几毫米，流通面积较小，流速又不大，处理量较小。

2. 螺旋板式换热器

螺旋板式换热器是由两块薄金属板焊接在一块分隔挡板（图 2 - 10 中心的短板）上并卷成螺旋形而制成的。两块薄金属板在换热器内形成两条螺旋形通道，在顶、底部上分别焊有盖板或封头。进行换热时，冷、热流体分别进入两条通道，在器内做严格的逆流流动。

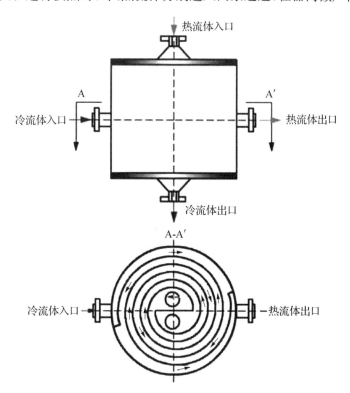

图 2 - 10　螺旋板式换热器结构示意图

螺旋板式换热器的优点：

(1) 总传热系数高。由于流体在螺旋通道中流动，在较低的雷诺值(一般 $Re=1\,400\sim1\,800$，有时低到 500)下即可达到湍流，并且可选用较高的流速(对液体为 2 m/s，气体为 20 m/s)，故总传热系数较大。

(2) 不易堵塞。由于流体的流速较高，流体中悬浮物不易沉积下来，同时，任何沉积物将减小单流道的横断面，从而使速度增大，对堵塞区域又起到冲刷作用，故螺旋板换热器不易被堵塞。

(3) 能利用低温热源，并可精密控制温度。这是由于螺旋板式换热器中流体流动的流道长且两流体完全逆流的缘故。

(4) 结构紧凑。螺旋板式换热器单位体积的传热面积为列管式换热器的 3 倍。

螺旋板式换热器的缺点：

(1) 操作压强和温度不宜太高。目前螺旋板式换热器的最高操作压强为 2 000 kPa，温度约在 400℃以下。

(2) 不易检修。因整个换热器为卷制而成，一旦发生泄漏，修理内部很困难。

3. 板翅式换热器

板翅式换热器是一种更为高效、紧凑、轻巧的换热器。过去由于制造成本较高，板翅式换热器仅用于宇航、电子、原子能等少数部门。现在其已逐渐用于石油化工及其他工业部门，并取得了良好效果。

板翅式换热器的结构形式很多，但是基本结构元件相同，即在两块平行的薄金属板之间，加入波纹状或其他形状的金属翅片，将两侧面封死，即成为一个换热基本元件(图 2 - 11)。

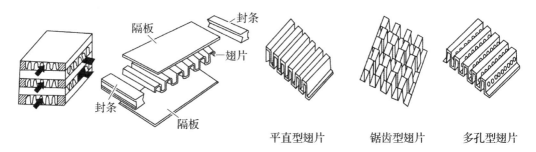

平直型翅片　　　锯齿型翅片　　　多孔型翅片

图 2 - 11　板翅式换热器的板束及基本单元结构

将各基本元件进行不同的叠积和适当的排列，并用钎焊固定，即可制成并流、逆流或错流的板束(或称芯部)；再将带有流体进出口接管的集流箱焊在板束上，即成为板翅式换热器。目前常用的翅片形式有平直型翅片、锯齿型翅片和多孔型翅片三种。

板翅式换热器的优点：

(1) 可靠性高：板翅式换热器为全钎焊结构，杜绝了泄漏可能性。同时，翅片兼具传热面和支撑作用，故强度高。

(2) 灵活性及适应性大：板翅式换热器两侧的传热面积密度可以相差一个数量级以上，以适应两侧介质传热的差异，改善传热表面利用率；可以组织多股流体换热(可达 12

股,这意味着工程、隔热、支撑和运输的成本消耗降低),每股流体的流道数和流道长度都可不同;最外侧可布置空流道(绝热流道),从而最大限度地减少整个换热器与周围环境的热交换。

板翅式换热器的缺点:

板翅式换热器流道狭小,容易引起堵塞而增大压降;当换热器结垢以后,清洗比较困难,因此要求介质比较干净。铝板翅式换热器的隔板和翅片都很薄,要求介质对铝不腐蚀,若腐蚀而造成内部串漏,则很难修补。板翅式换热器的设计公式较为复杂,通道设计十分困难,不利于手工计算,这也是限制板翅式换热器应用的主要原因。

任务二 认识化工传热过程

▶ 子任务 1 认识传热的基本方式 ◀

根据传热机理的不同，热量传递分为以下三种方式。

一、传导传热

传导传热又称热传导。当物体内部存在温度差时，热量会从温度高的一端传递到温度低的一端。传导传热在固体、液体、气体中均可进行，在金属固体中，主要靠自由电子的运动进行导热；在导热性能不是很好的固体和大部分的液体中，主要靠物体内部晶格上的分子或者原子振动进行导热；气体则是靠分子不规则运动，造成分子间的相互碰撞进行导热。

二、对流传热

对流传热也称热对流，是靠流体内部质点相对位移进行的热量传递。由于引起流体内部质点移动的作用力不同，对流传热分为自然对流和强制对流两种方式。

1. 自然对流

若流体运动是因流体内部各处温度不同引起局部密度差异所致，则称为自然对流。

2. 强制对流

若由于水泵、风机或其他外力作用引起流体运动，则称为强制对流。但实际上，对流传热的同时，流体各部分之间还存在着导热，从而形成一种复杂的热量传递过程。由于强制对流的质点移动速度快，传热速率大，所以在实际生产和日常生活中，强制对流传热应用非常广泛。

三、热辐射

热辐射是一种以电磁波传递热能的方式。热辐射不需要任何物质做媒介，可以在真空中进行，即任何物体只要在热力学零度以上，都能发射辐射能，但只有在高温下物体之间温度差很大时，辐射才成为主要传热方式。辐射传热的一大特点是不仅有能量的传递，还有能量形式的转换。

实际上，上述三种传热的基本方式很少单独存在，往往是相互伴随着同时出现的。如热交换器的传热是对流传热和传导传热联合作用的结果，同时还存在着热辐射。

▶ 子任务 2　认识工业换热方法 ◀

在工业生产中,要实现两流体热量的交换,需要用到一定的设备,这种用于交换热量的设备称为热量交换器,简称换热器。根据换热器换热方式的不同,工业换热方法通常有以下三种类型。

一、间壁式换热

在间壁式换热器中,冷、热流体分别在换热器壁面两侧,热流体通过间壁将热量传递给冷流体(图 2-12)。间壁式换热在化工生产中应用极为广泛,其换热过程如图 2-13所示。

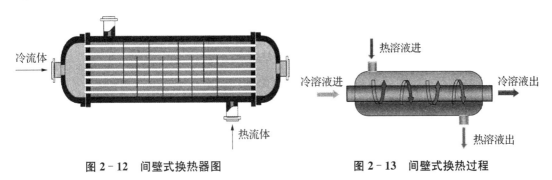

图 2-12　间壁式换热器图　　　　　　图 2-13　间壁式换热过程

二、直接混合式换热

直接混合式换热是将热流体与冷流体直接接触,在流体的混合过程中进行换热(图 2-14)。该换热形式主要用于气体的冷却和蒸汽的冷凝。如化工厂中的凉水塔,即利用热水与空气直接混合换热,空气吸收水的热量,将水的温度降低。

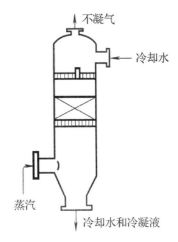

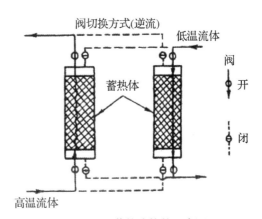

图 2-14　直接混合式换热示意图　　　　图 2-15　蓄热式换热示意图

三、蓄热式换热

蓄热式换热是将蓄热体(固体填充物)装在换热器内,利用蓄热体蓄积和释放热量而达到冷、热两股流体换热的目的。其操作过程中先让热流体通过蓄热体,将热量储存在蓄热体上,然后让冷流体流过蓄热体,蓄热体将热量传递给冷流体(图 2-15)。

▶ 子任务 3　选择换热器中的载热体 ◀

一、常用的加热剂

工业上常用的加热剂有饱和水蒸气、烟道气、热水、矿物油、熔盐和联苯混合物等。如果需要加热的温度很高,可以采用电加热。

1. 饱和水蒸气

饱和的水蒸气是一种应用最广泛的加热剂,由于饱和水蒸气冷凝时的对流传热系数很高,可以改变蒸汽的压强以准确地调节加热温度。但饱和水蒸气温度超过180℃时,就需采用很高的压强。饱和蒸汽加热一般只用于加热温度在100℃~180℃的场合。

2. 烟道气

燃料燃烧所得到的烟道气具有很高的温度,可达500℃~1 000℃,适用于需要达到较高温度的加热。用烟道气加热的缺点是其比热容低、控制困难及对流传热系数低。

3. 热水

用热水作为加热剂,其适用温度范围是40℃~100℃,热水来源于水蒸气的冷凝水或利用废热水的余热制得。

4. 矿物油

矿物油适用于小于250℃的加热过程。其缺点是黏度大,对流传热系数小,高于250℃易分解,易燃烧。

5. 熔盐

熔盐的成分是 7％NaNO$_3$,40％NaNO$_2$,53％KNO$_3$。其适用温度范围是 142℃～530℃,加热温度较高,加热均匀。

6. 联苯混合物

联苯混合物液体适用温度范围是 15℃～2 550℃,其蒸气适用范围是 255℃～3 800℃,适用温度范围宽,用其蒸气加热时温度容易调节。

二、常用的冷却剂

工业上常用的冷却剂有水、空气和各种制冷剂等。

1. 水

水是最常用的冷却剂,它可以来源于大自然,不必特别加工。其适用温度范围为

10℃～35℃。水的比热容高,对流传热膜系数也很高,冷却效果好,调节方便。

2. 空气

在缺乏水资源的地区,可以用空气作为冷却剂。空气的对流传热系数小,传热性能差,适用于冷却温度在 0～35℃ 的换热。

3. 冷冻盐水

如果需要将流体温度冷却到较低的温度,则需应用低温冷却剂。常用的低温冷却剂有冷冻盐水($CaCl_2$- $NaCl$ 溶液),可将物料冷却到零下十几摄氏度甚至零下几十摄氏度的低温。一般低温冷却剂的适用温度范围为 0～－15℃。如果需要深度冷却,可以采用某些低沸点液体的蒸发来达到目的。

▶ 子任务4　认识稳定传热和非稳定传热 ◀

一、稳定传热

在换热系统中,各传热位置的温度如果不随时间而变化,则该系统传热就称为稳定传热。稳定传热过程中各传热点的传热速率不随时间而变,这种类型的传热过程发生在连续生产过程中。

例如,在生产过程的连续稳定阶段,原料的供给或产品的回收都是稳定的,则换热过程中每个位置上的温度可认为是不变的,这就属于稳定传热。

二、非稳定传热

在换热系统中,各传热位置的温度如果随时间而变化,则该系统传热就称为非稳定传热。非稳定传热过程中各传热点的传热速率随时间而变,这种类型的传热过程发生在间歇生产过程或连续生产的开车、停车阶段。

例如,在生产过程的开工或停车过程中,由于生产负荷逐渐增加或逐渐降低,使换热过程每个位置上的温度逐渐升高或降低,这就属于非稳定传热过程。

任务三　确定传热方案

▶ 子任务 1　选择传热方式 ◀

间壁式换热器内热量传递主要以传导传热和对流传热为主。

热量传递的快慢可用两个指标来表示：

1. 传热速率 Q（热流量）：传热速率指单位时间内通过传热面的热量，单位为 W。整个换热器的传热速率表征了换热器的生产能力。

2. 热通量 q：热通量指单位时间内通过单位传热面积所传递的热量，单位为 W/m²。

$$q = \frac{Q}{A} \tag{2-1}$$

式中：A 为总传热面积，单位为 m²。

一、传导传热分析

传导传热在固体、液体和气体中都可发生，但严格来说，只有固体中的传热才是纯粹的传导传热，而流体即使处于静止状态，其中也会有因温差而引起的自然对流。所以，在流体中对流传热和传导传热是同时发生的。因此，这里只讨论固体内的传导传热问题。

1. 傅里叶定律

要传热就要有温度差的存在，温度差是传热的推动力。传热快慢也决定于物体内温度的分布情况。

傅里叶定律是从宏观来描述传导传热的基本定律，它表明导热速率与温度梯度及垂直于热流方向的导热面积成正比，即：

$$Q \propto -A \frac{\mathrm{d}t}{\mathrm{d}n}$$

写成等式为：

$$Q = -\lambda \cdot A \frac{\mathrm{d}t}{\mathrm{d}n} \tag{2-2}$$

式中：Q 为导热速率，单位为 W；$\mathrm{d}t/\mathrm{d}n$ 为温度梯度，单位为 ℃/m 或 K/m；A 为导热面积，单位为 m²；λ 为材料的导热系数，单位为 W/(m·℃) 或 W/(m·K)。

式(2-2)中负号表示导热方向与温度梯度方向相反。

2. 热导率

热导率是用来表征物质导热能力大小的,是物质的物理性质之一。与黏度 μ 相似,热导率 λ 是分子微观运动的宏观表现,与分子运动和分子间相互作用力有关,其数值大小取决于物质的结构及组成、温度和压力等因素。一般说来,金属的热导率最大,非金属次之,液体的较小,而气体的最小。各种物质的热导率通常用实验方法测定。常见物质的热导率可以从《化工手册》中查取。各种物质热导率的大致范围见表 2-1。

表 2-1　各种物质热导率的大致范围

物质种类	纯金属	合金	液态金属	非金属固体	非金属液体	绝热材料	气体
热导率 /(W·m⁻¹·℃⁻¹)	100～1 400	50～500	30～300	0.05～50	0.5～5	0.05～1	0.005～0.5

（1）固体的热导率

固体材料的热导率与温度有关,对于大多数均质固体,其 λ 值与温度大致呈线性关系:

$$\lambda = \lambda_0(1 + at) \tag{2-3}$$

式中: λ 为固体在 $t\,℃$ 时的热导率,单位为 W/(m·℃)或 W/(m·K); λ_0 为物质在 $0\,℃$ 时的热导率,单位为 W/(m·℃)或 W/(m·K); a 为温度系数,单位为 ℃⁻¹ 或 K⁻¹。

对大多数金属材料, $a < 0$;对大多数非金属材料, $a > 0$ 。

同种金属材料在不同温度下的热导率可在《化工手册》中查到,当温度变化范围不大时,一般采用该温度范围内的平均值。由表 2-1 可以看出,金属材料的热导率较大,常作为热导体。非金属固体的热导率较小,常作为保温材料。

（2）液体的热导率

液体分为金属液体和非金属液体两类,金属液体热导率较高,非金属较低。在非金属液体中,水的热导率最大。除水和甘油外,绝大多数液体的热导率随温度的升高而略有减小。一般说来,纯液体的热导率比其溶液的要大。溶液的热导率在缺乏数据时可按纯液体的 λ 值进行估算。

（3）气体的热导率

气体的热导率随温度升高而增大。在相当大的压力范围内,气体的热导率与压力几乎无关。由于气体的热导率太小,因而不利于导热,但有利于保温与绝热。工业上所用的保温材料,如玻璃棉等,就是因为其空隙中有气体,所以热导率小,有利于保温隔热。

3. 平壁导热

（1）单层平壁稳定热传导

单层平壁面导热过程如图 2-16 所示。假设热导率为常数,对于稳态的一维平壁热传导,由傅里叶定律得:

$$Q = \frac{t_1 - t_2}{b/(\lambda A)} = \frac{\Delta t}{R} = \frac{推动力}{阻力} \tag{2-4}$$

或 $$q = \frac{Q}{A} = \frac{t_1 - t_2}{b/\lambda} = \frac{\Delta t}{R'}$$ (2-5)

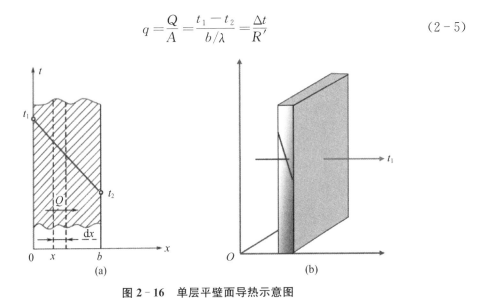

图 2-16 单层平壁面导热示意图

式中：b 为平壁的厚度，单位为 mm；$R = b/(\lambda A)$，为导热热阻，单位为 ℃/W 或 K/W；$R' = b/\lambda$，为导热热阻，单位为 $(m^2 \cdot ℃)/W$ 或 $(m^2 \cdot K)/W$；$\Delta t = t_1 - t_2$，为导热推动力(温度差)，单位为 ℃ 或 K。

可见，导热速率 Q 与推动力 Δt 成正比，与导热热阻 R 成反比，与欧姆定律表示的电流与电压降及电阻的关系类似。热阻的概念对传热过程的分析和计算都是非常有用的。

（2）多层平壁稳定热传导

导热体的材质不同，其温度分布也不相同。工程上，常遇到多层材料组成的平壁。现以三层壁为例来讨论多层平壁面的热传导情况。各层平壁面的温度分布如图 2-17 所示。

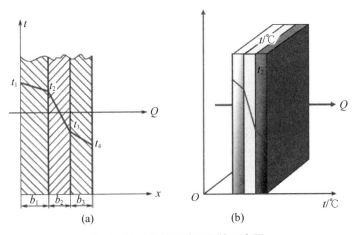

图 2-17 多层平壁面导热示意图

假设各层壁面完全贴合，也就是说相邻两层壁面温度相同，且 $t_1 > t_2 > t_3 > t_4$。在稳定导热过程中，通过各层的导热速率应相等，即 $Q_1 = Q_2 = Q_3 = Q_4$，由傅里叶定律得：

$$Q = \frac{t_1 - t_2}{b_1/(\lambda_1 A)} = \frac{t_2 - t_3}{b_2/(\lambda_2 A)} = \frac{t_3 - t_4}{b_3/(\lambda_3 A)} \qquad (2-6)$$

由等比定理可得：

$$Q = \frac{t_1 - t_4}{\dfrac{b_1}{\lambda_1 A} + \dfrac{b_2}{\lambda_2 A} + \dfrac{b_3}{\lambda_3 A}} = \frac{t_1 - t_4}{R_1 + R_2 + R_3} \qquad (2-7)$$

推广至 n 层平壁：

$$Q = \frac{t_1 - t_{n+1}}{\displaystyle\sum_{i=1}^{n} \frac{b_i}{\lambda_i A}} = \frac{t_1 - t_{n+1}}{\displaystyle\sum_{i=1}^{n} R_i} \qquad (2-8)$$

式(2-8)表明,多层壁面的导热可看成是多个热阻串联导热,温度差与其热阻成正比。当总温差一定时,传热速率的大小取决于总热阻的大小。

例 2-1 某燃烧炉由三层固体材料砌成。炉子最内层材料为耐火砖,其厚度为 225 mm,热导率为 1.4 W/(m·℃);中间层为保温砖,其厚度为 115 mm,热导率为 0.15 W/(m·℃);最外层为普通砖,其厚度为 225 mm,热导率为 0.8 W/(m·℃)。现测得内壁温度为 1 000 ℃,外壁温度为 60 ℃。试求:炉壁在单位面积上的导热速率。

解 炉子内外壁温存在温度差,必定会以传导传热的方式向环境散失热量。经过三层平壁形成热传导,导热过程中界面温度稳定,各层导热量相同,按式(2-5)计算导热速率。

传热总推动力为：$\Delta t_{总} = t_1 - t_4 = 1\,000 - 60 = 940(℃)$

从内到外炉壁的总热阻为：

$R'_{总} = R'_1 + R'_2 + R'_3 = b_1/\lambda_1 + b_2/\lambda_2 + b_3/\lambda_3 = 0.225/1.4 + 0.115/0.15 + 0.225/0.8 = 1.209(\text{m}^2 \cdot ℃/\text{W})$

将各值代入,得炉壁单位面积上的导热速率为：

$Q/A = \Delta t_{总}/R'_{总} = 940/1.209 = 777.5(\text{W/m}^2)$

4. 圆筒壁导热

通过平壁的传导传热,各处的传热速率 Q 和热通量 q 均相等,而在圆筒壁的传导传热中,圆筒的内外表面积不同,各层圆筒的传热面积不相同,所以在各层圆筒的不同半径 r 处传热速率 Q 相等,但各处热通量 q 却不等,如图 2-18 所示。通过傅里叶公式可以推导通过圆筒壁的稳定传热速率。与通过平壁的稳定热传导公式相似,通过圆筒壁的稳定传热速率也可以表达为：

$$Q = \frac{\Delta t}{R} = \frac{推动力}{阻力} \qquad (2-9)$$

只是式中的 $R = b/\lambda A_m$,其中 $b = r_2 - r_1$,$A_m = 2\pi l r_m$,$r_m = \dfrac{r_2 - r_1}{\ln \dfrac{r_2}{r_1}}$,$r_m$ 为对数平均半

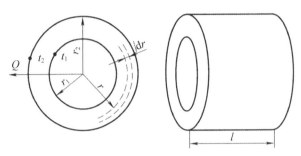

图 2 - 18　单层圆筒壁导热示意图

径。即有：

$$Q = \frac{t_1 - t_2}{\dfrac{b}{\lambda A_m}} = \frac{t_1 - t_2}{\dfrac{1}{2\pi l\lambda}\ln\dfrac{r_2}{r_1}} = \frac{\Delta t}{T} = \frac{\text{推动力}}{\text{阻力}} \qquad (2-10)$$

通过多层圆筒壁的稳定热传导与通过多层平壁稳定热传导类似,即 $Q = \dfrac{t_1 - t_{n+1}}{\sum\limits_{i=1}^{n} R_i}$,多

层圆筒壁传热的总推动力也为总温度差,总热阻也为各层热阻之和,但是计算时与多层平壁不同的是其各层热阻所用的传热面积不相等,所以应采用各层各自的平均面积。

二、对流传热分析

对流传热是指流体中质点发生相对位移而引起的热交换。对流传热仅发生在流体中,与流体的流动状况密切相关。实质上对流传热是流体的对流与传导传热共同作用的结果。

(一) 对流传热过程分析

流体在平壁上流过时,流体和壁面间将进行换热,引起壁面法向方向上温度分布的变化,形成一定的温度梯度,如图 2-19 所示。近壁处,流体温度发生显著变化的区域,称为热边界层或温度边界层。由于对流是依靠流体内部质点发生位移来进行热量传递的,因此对流传热的快慢与流体流动的状况有关。流体流动形态有层流和湍流。层流流动时,由于流体质点只在流动方向上做一维运动,在传热方向上无质点运动,此时主要依靠热传导方式来进行热量传递,但由于流体内部存在温差且还会有少量的自然对流,此时传热速率小,应尽量避免此种情况。

流体在换热器内的流动大多数情况下为湍流,下面来分析流体做湍流流动时的传热情况。流体做湍流流动时,靠近壁面处流体流动分别为层流底层、过渡层(缓冲层)、湍流核心。

层流底层:层流底层中流体质点只沿流动方向做一维运动,在传热方向上无质点的混合,温度变化大,传热主要以传导传热的方式进行。此区域导热为主,热阻大,温差大。

湍流核心:湍流核心在远离壁面的湍流中心,流体质点充分混合,温度趋于一致(热阻小),传热主要以对流方式进行。此区域质点相互混合交换热量,温差小。

过渡层:过渡层温度分布不像湍流主体那么均匀,也不像层流底层变化那么明显,传热以传导传热和对流两种方式共同进行。此区域质点混合,分子运动共同作用,温度变化

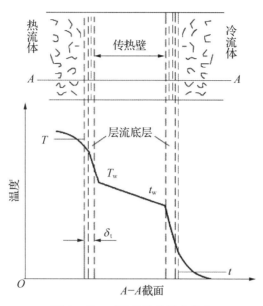

图 2 - 19　对流传热的温度分布

平缓。

根据传导传热分析,温差大热阻就大。所以,流体做湍流流动时,热阻主要集中在层流底层中。如果要加强传热,必须采取措施减小层流底层的厚度。

(二) 对流传热速率方程

根据传递过程速率的普遍关系,壁面与流体间的对流传热速率,应该等于推动力和阻力之比,即:

$$对流传热速率=\frac{对流传热推动力}{对流传热阻力}=系数×推动力$$

式中的推动力是流体与壁面间的温度差,阻力总是与壁面的表面积成反比,则:

$$Q=\frac{\Delta t}{\frac{1}{\alpha A}}=\alpha A \Delta t \tag{2-11}$$

式中:Q 为对流传热速率,单位为 W;A 为对流传热面积,单位为 m^2;Δt 为流体与壁面间温度差的平均值,单位为℃或 K;α 为对流传热系数,单位为 W/(m^2 · ℃)或 W/(m^2 · K);$1/(\alpha A)$ 为对流传热热阻,单位为℃/W 或 K/W。

式(2-11)称为对流传热基本方程,又称牛顿冷却定律。

必须注意,对流传热系数一定要与传热面积及温度差对应。例如,若热流体在换热器的管内流动,冷流体在换热器的管间流动,则它们的对流传热速率方程分别为:

$$Q=\alpha_i A_i (T-T_w) \tag{2-12}$$

$$Q=\alpha_o A_o (t_w-t) \tag{2-13}$$

式中：A_i、A_o分别为换热器的管内表面积和管外表面积,单位为 m^2；α_i、α_o分别为换热器管内侧和管外侧流体的对流传热系数,单位为 $W/(m^2 \cdot ℃)$。

牛顿冷却定律是用一简单的关系式来描述复杂的对流传热问题,实际是将对流传热的复杂性和计算的困难转移到 α 之中,所以研究 α 的影响因素及其求取方法,便成为解决对流传热问题的关键。

α 定义式可由牛顿冷却定律得出,即：

$$\alpha = \frac{Q}{A\Delta t} \qquad (2-14)$$

由此可见,α 表示在单位温度差下、单位传热面积的对流传热速率。α 越大,对流传热热阻越小,对流传热越快。

(三) 对流传热系数

1. 对流传热系数的影响因素

(1) 引起流动的原因

自然对流与强制对流的流动原因不同,其传热规律也不相同。一般强制对流传热时的对流传热系数比自然对流传热的大。

(2) 流体的特性

对对流传热系数影响较大的流体物性有热导率(λ)、比热容(C_p)、黏度(μ)和密度(ρ)等。

(3) 流体的种类及相变情况

流体的状态不同,如液体、气体和蒸汽,它们的对流传热系数各不相同。流体有无相变化,对传热有不同的影响,通常若流体发生相变,其对流传热系数比无相变时要大得多。这主要是由于相变化过程有大量潜热的释放(或吸收)。

(4) 流体的流动状态

流体呈层流时,主要依靠热阻大的导热方式传热。流体是湍流时,质点充分混合且层流底层变薄,对流传热系数 α 比层流时大得多,且随流体的 Re 值增大,α 也增大。

(5) 传热面的形状、位置和大小

传热壁面的形状(如管内、管外、板、翅片等)、传热壁面的方位、布置(如水平或垂直放置、管束的排列方式等)及传热面的尺寸(如管径、管长、板高等)都对对流传热系数有直接的影响。

表 2-2 列出了几种对流传热情况下的 α 值,从中可以看出,气体的 α 值最小,载热体发生相变时的 α 值最大,且比气体的 α 值大得多。

表 2-2 α 值的范围

对流传热类型(无相变)	$\alpha/(W \cdot m^{-2} \cdot K^{-1})$
气体加热或冷却	5~100
油加热或冷却	60~1 700
水加热或冷却	200~15 000

续　表

对流传热类型(有相变)	$\alpha/(\text{W} \cdot \text{m}^{-2} \cdot \text{K}^{-1})$
有机蒸汽冷凝	500~2 000
水蒸气冷凝	5 000~15 000
水沸腾	2 500~25 000

2. 无相变时对流传热系数的关联式

由于 α 的影响因素非常多,目前从理论上还不能导出它的计算式,只能找出影响 α 的若干因素,通过量纲分析与传热实验相结合的方法,找出各种特征数之间的关系,建立起经验公式。表 2-3 列出了几种常用的特征数。

$$强制对流 \ Nu = f(Re, Pr) \tag{2-15}$$

$$自然对流 \ Nu = \phi(Pr, Gr) \tag{2-16}$$

表 2-3　几种常用的特征数

特征数名称	符号	特征数式	意义
努塞尔特数(给热数)	Nu	$\dfrac{\alpha l}{\lambda}$	表示对流传热系数的数
雷诺数(流型数)	Re	$\dfrac{lu\rho}{\mu}$	确定流动状态的数
普兰特数(物性数)	Pr	$\dfrac{C_p\mu}{\lambda}$	表示物性影响的数
格拉斯霍夫数(升力数)	Gr	$\dfrac{\beta g \Delta t l^3 \rho^2}{\mu^2}$	表示自然对流影响的数

使用特征数关联式时应注意以下问题:

一是应用范围,即关联式中 Re、Pr、Gr 的数值范围。

二是特征尺寸,即 Nu、Re、Gr 等特征数中 l 如何选取。

三是定性温度,即各特征数中流体的物性应按什么温度确定。

流体在圆形管内做强制湍流时的 α 关联式如下:

(1) 低黏度流体(μ 小于 2 倍常温水的黏度)

$$Nu = 0.023 Re^{0.8} Pr^n \tag{2-17}$$

$$\alpha = 0.23 \frac{\lambda}{d} \left(\frac{du\rho}{\mu} \right)^{0.8} \left(\frac{C_p\mu}{\lambda} \right)^n \tag{2-18}$$

式中 n 值视热流方向而定。当流体被加热时,$n = 0.4$;流体被冷却时,$n = 0.3$。

式(2-17)的应用范围为 $Re > 10\,000$,$0.7 < Pr < 120$,$l/d > 60$;特征尺寸取为管内径;定性温度取流体进、出口温度的算术平均值。

（2）高黏度流体（μ 大于 2 倍常温水的黏度）

$$Nu = 0.027Re^{0.8}Pr^{0.33}\left(\frac{\mu}{\mu_w}\right)^{0.14} \qquad (2-19)$$

式（2-19）的应用范围和特征尺寸与式（2-17）相同，但定性温度取值不同。

式（2-19）的定性温度：除 μ_w 取壁温外，其他都取流体进、出口温度的算术平均值。

在实际中，由于壁温难以测得，工程上近似处理为对于液体，被加热时，$\left(\frac{\mu}{\mu_w}\right)^{0.14} \approx 1.05$；被冷却时，$\left(\frac{\mu}{\mu_w}\right)^{0.14} \approx 0.95$。

3. 有相变时的对流传热系数

（1）蒸汽冷凝

当饱和蒸汽与温度低于饱和温度的壁面接触时，蒸汽放出潜热并在壁面上冷凝成液体。

蒸汽冷凝方式如下：

① 膜状冷凝。若冷凝液能润湿壁面，则在壁面上形成一层完整的液膜，称为膜状冷凝。如图 2-20 所示。

② 滴状冷凝。如图 2-21 所示，若冷凝液不能润湿壁面，由于表面张力的作用，冷凝液在壁面上形成许多液滴，并沿壁面落下，称为滴状冷凝。滴状冷凝时，大部分壁面直接暴露在蒸汽中，由于没有液膜阻碍热流，因此滴状冷凝的传热膜系数大于膜状冷凝的传热膜系数。但在生产中滴状冷凝是不稳定的，冷凝器的设计常按膜状冷凝来考虑。

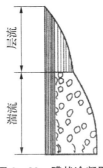 

图 2-20　膜状冷凝图　　　图 2-21　滴状冷凝

影响冷凝传热的因素很多，主要有以下几点。

① 液膜两侧温度差的影响。液膜呈滞流流动时，Δt 增大，液膜厚度增大，α 减小。

② 流体物性的影响。液体的密度、黏度、热导率、汽化热等都影响 α 值。液体的密度 ρ 增加、黏度 μ 减小，对流传热系数 α 增大；热导率 λ 增大、汽化热 r 增大，对流传热系数 α 增大。所有物质中，水蒸气的冷凝传热系数最大，一般为 10 000 W/(m^2·℃)左右。

③ 蒸汽流速和流向的影响。蒸汽运动时会与液膜间产生摩擦力，若蒸汽和液膜同向流动，则摩擦力使液膜加速，液膜厚度变薄，α 增大；若两者逆向流动，则 α 减小。如摩擦

作用力超过液膜重力,液膜会被蒸汽吹离壁面,此时随蒸汽流速的增加,α 急剧增大。

④ 蒸汽中不凝性气体含量的影响。蒸汽冷凝时,不凝气体在液膜表面形成气膜,冷凝蒸汽到达液膜表面冷凝前先要通过气膜,增加了一层附加热阻。由于气体 λ 很小,使 α 急剧下降,故必须考虑不凝性气体的排除。

⑤ 冷凝壁面的布置。水平放置的管束,冷凝液从上部各排管子流下,使下部管排液膜变厚,则 α 变小。垂直方向上管排数越多,α 下降也越多。为增大 α 值,可将管束由直列改为错列或减小垂直方向上管排数目。

(2) 液体沸腾

液体与高温壁面接触而被加热汽化并产生气泡的过程称为沸腾。

工业上液体沸腾的方法可分为两种:① 大容积沸腾是将加热壁面浸没在液体中,液体在壁面处受热沸腾;② 管内沸腾是液体在管内流动时受热沸腾。

① 液体沸腾曲线

液体沸腾曲线如图 2 - 22 所示,以常压下水在容器内沸腾传热为例,讨论 Δt 对 α 的影响。

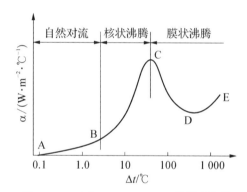

图 2 - 22　水(101.325 kPa 下)的沸腾曲线

AB 段:$\Delta t \leqslant 5℃$时,加热表面上的液体轻微受热,使液体内部产生自然对流,没有气泡从液体中逸出液面,仅在液体表面上发生蒸发,α 较低。此阶段称为自然对流区。

BC 段:$\Delta t = 5℃ \sim 25℃$,在加热表面的局部位置上开始产生气泡,该局部位置称为汽化核心。气泡的产生、脱离和上升使液体受到强烈扰动,因此 α 急剧增大,此阶段称核状沸腾。

CD 段:$\Delta t \geqslant 25℃$,加热表面上气泡增多,气泡产生的速度大于它脱离表面的速度,表面上形成一层气膜,由于水蒸气的热导率低,气膜的附加热阻使 α 急剧下降,此阶段称为不稳定的膜状沸腾。

DE 段:随着 Δt 继续增大,气膜稳定,由于加热表面温度 t_w 高,热辐射影响较大,α 增大,此时为稳定膜状沸腾。

工业生产中总是设法使沸腾装置控制在核状沸腾下工作。因为此阶段 α 大,t_w 小。

② 影响沸腾传热的因素

a. 流体的物性。流体的热导率 λ、密度 ρ、黏度 μ 和表面张力 σ 等对沸腾传热有重要影响。α 随 λ、ρ 增加而增大，随 μ、σ 增加而减小。

b. 温度差。温度差 $t_w - t_s$ 是控制沸腾传热的重要因素，应尽量控制在核状沸腾阶段进行操作。

c. 操作压强。提高沸腾压强，相当于提高液体的饱和温度，使液体的表面张力和黏度均减小，有利于气泡的形成和脱离，强化了沸腾传热。在相同温度差下，操作压强升高，α 增大。

d. 加热表面的状况。加热表面越粗糙，气泡核心越多，越有利于沸腾传热。一般新的、清洁的、粗糙的加热表面的沸腾传热较大。当表面被油脂玷污后，α 急剧下降。

e. 加热表面的布置情况。加热面的布置情况对沸腾传热也有明显的影响。例如，在水平管束外沸腾时，其上升气泡会覆盖上方管的一部分加热表面，导致 α 下降。

▶ 子任务 2　分析间壁式传热过程 ◀

一、间壁式传热过程

在化工过程中物料经常需要换热，当物料被加热或冷却时，常用另一种流体来供热或取走热量。这种用于加热或冷却物料的流体称为载热体。其中起加热作用的流体叫加热剂，如水蒸气、烟道气或其他高温流体等；起冷却作用的流体叫冷却剂，如冷却水、空气等。化工生产中，一般不允许两种流体直接混合换热，所以要通过间壁来传热。

如图 2-23 所示，冷、热流体分别在固体间壁的两侧，热交换过程包括以下三个串联的传热过程。

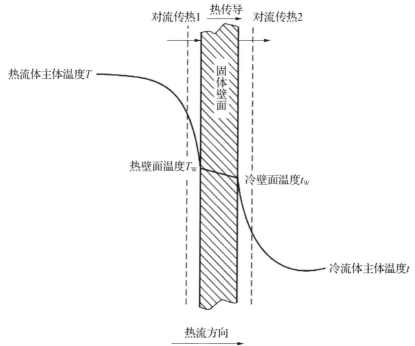

图 2-23　间壁式换热器流体换热过程示意图

1. 热流体以对流传热(给热)方式把热量传递给与之接触的一侧壁面。

2. 间壁两侧温度不等,热量从靠热流体一侧壁面以导热方式传递给另一侧。

3. 另一侧壁面以对流传热方式把热量传递给冷流体。

在学习了传导传热和对流传热的基础上,下面讨论间壁两侧流体间传热全过程的计算。

二、传热基本方程

间壁式换热器的传热速率与换热器的传热面积、传热推动力等有关。传热推动力就是流体的温度差。由于在换热器中,流体的进、出口温度会发生变化,使得温度差随位置的不同而变化,因此,整个换热器传热速率的传热推动力应采用整个换热器中热、冷流体温度差的平均值,即传热平均推动力或传热平均温度差,以 Δt_m 表示。理论及实践证明:传热速率与换热器的传热面积成正比,与传热平均温度差成正比,即:

$$Q \propto A \Delta t_m \tag{2-20}$$

引入比例系数,将式(2-20)写成等式,即:

$$Q = KA\Delta t_m \tag{2-21}$$

或
$$Q = \frac{\Delta t_m}{\dfrac{1}{KA}} = \frac{\Delta t_m}{R} = \frac{传热推动力}{阻力} \tag{2-22}$$

式中:Q 为传热速率,单位为 W;K 为总传热系数,单位为 $W/(m^2 \cdot ℃)$ 或 $W/(m^2 \cdot K)$;A 为传热面积,单位为 m^2;Δt_m 为整个换热器的平均温度差,单位为℃或 K;R 为换热器的总热阻,即间壁本身的导热热阻及其两侧的对流热阻三者之和,单位为℃/W 或 K/W。

式(2-21)称为传热基本方程(或称传热速率方程、总传热速率方程),传热系数 K、传热面积 A、平均温度差 Δt_m 合称传热过程的三要素。

三、热负荷确定

1. 热负荷与传热速率间的关系

热负荷是生产上要求换热器单位时间内传递的热量,是换热器的生产任务,由生产要求决定,而与换热器的结构无关;传热速率是换热器单位时间内能够传递的热量,是换热器本身在一定操作条件下的换热能力,是换热器本身的特性,二者是不相同的。为保证换热器能完成传热任务,换热器的传热速率必须大于(至少等于)其热负荷。

在换热器的选型或设计中,需要先知道传热速率,但当换热器还未选定或设计出来之前,传热速率是无法确定的,而热负荷则可由生产任务求得。所以,在换热器的选型或设计中,可先用热负荷代替传热速率,再考虑一定的安全系数,然后进行选型或设计。这样选择或设计出来的换热器,就能够按要求完成传热任务。

2. 热负荷的确定

换热器的热负荷可以通过热量衡算确定。假设换热器绝热良好,即热损失可以忽略,对于稳定传热过程,两流体流经换热器时,单位时间内热流体放出的热量等于冷流体吸收的热量。流体热量的变化不只与温度有关,还与状态,即与是否发生相变有关,所以分两种情况来分析。

(1) 无相变

若冷、热流体在换热过程中都不发生相变,并且比热容 C_p 为常量,则:

$$Q = W_s C_p \Delta t \tag{2-23}$$

$$Q_c = W_{sc} C_{pc} (t_2 - t_1) \tag{2-23a}$$

$$Q_h = W_{sh} C_{ph} (T_1 - T_2) \tag{2-23b}$$

式中:Q_c,Q_h 分别为冷、热流体吸收或放出的热量,单位为 J/s 或 W;W_{sc},W_{sh} 分别为冷、热流体的质量流量,单位为 kg/s;C_{pc},C_{ph} 分别为冷、热流体的比定压热容,单位为 J/(kg·℃)或 J/(kg·K);T_1,T_2 分别为热流体进出口温度,单位为 ℃ 或 K;t_1,t_2 分别为冷流体进出口温度,单位为 ℃ 或 K。

(2) 有相变

若流体在换热过程中发生相变,如饱和蒸汽冷凝,而冷流体无相变化,则:

$$Q = W_s r \tag{2-24}$$

$$Q_c = W_{sc} r_c \tag{2-24a}$$

$$Q_h = W_{sh} r_h \tag{2-24b}$$

式中:Q_c,Q_h 分别为液体汽化或蒸汽冷凝的传热量,单位为 J/s 或 W;W_{sc},W_{sh} 分别为冷、热流体的质量流量,单位为 kg/s;r_c,r_h 分别为冷、热流体的冷凝、汽化焓,单位为 J/kg。

相态变化包括由液体汽化为气体,或者由气体冷凝变成液体的过程,发生相态时可近似看作没有温度的升高或降低。

例 2-2 将流量为 0.5 kg/s 的硝基苯通过一换热器,由 80℃ 冷却到 40℃。用水作为冷却介质,其初温为 30℃,出口温度要求不超过 35℃。已知硝基苯的比定压热容 $C_p = 1.38$ kJ/(kg·℃)。忽略热损失,试求:该换热器的热负荷及冷却水用量。

解 若忽略热损失,则换热器的热负荷可由硝基苯放出的热量或冷却水吸收的热量来计算,即:

$$Q_h = Q_c = W_s C_p \Delta t$$

已知:$W_{sh} = 0.5$ kg/s,$C_{ph} = 1.38$ kJ/(kg·℃),$T_1 = 80℃$,$T_2 = 40℃$,$t_1 = 30℃$。取 $t_2 = 35℃$。

将各值代入上式,得:

$$Q_{sh} = W_{sh} C_{ph} (T_1 - T_2) = 0.5 \times 1.38 \times (80 - 40)$$
$$= 27.6 (kJ/s)$$

水在进、出口平均温度 $t = \dfrac{32+35}{2} = 33.5(℃)$，查物性数据，平均温度下水的比热容

为 $C_{pc} = 4.187\ kJ/(kg \cdot ℃)$，根据热量衡算关系，得冷却水用量为：

$$
\begin{aligned}
W_{sc} &= \frac{Q}{C_{pc} \times (t_2 - t_1)} \\
&= \frac{27.6}{4.187 \times (35-30)} \\
&= 1.32(kg/s)
\end{aligned}
$$

四、平均温度差

在换热器传热速率方程式(2-21)中，Δt_m 是换热器内传热平均温度差，是换热器间壁两侧冷、热流体换热的必要条件，即传热过程推动力，其大小及计算方法与冷、热流体的温度变化及相对流动方向有关。

1. 恒温传热时的平均温度差

当两流体在传热过程中均发生恒温相变时，热流体 T 和冷流体的温度 t 始终保持不变，整个换热器表面温度差保持不变。此时，流体的流动方向对传热温度差也没有影响，换热器的传热推动力可取任一界面上的温度差，此时传热平均温度差就显得十分简单，即：

$$\Delta t_m = T - t \tag{2-25}$$

这种情况很特殊，只在间壁两侧的流体均发生恒温相变的情况下才出现。例如，用恒定温度的蒸汽冷凝，加热沸点恒定的液体，就属于恒温差传热。

2. 变温传热时的平均温度差

变温传热时，两流体相互流动的方向不同，则对温度差的影响不同。

（1）逆流和并流时的平均温度差

在换热器中，冷、热两流体平行而同向流动，称为并流；两者平行而反向流动，称为逆流，如图 2-24 所示。并流、逆流时冷、热流体温度的变化如图 2-25 所示。

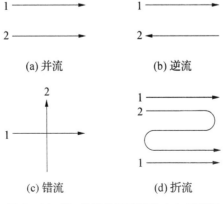

图 2-24　冷、热流体间壁流动方向示意图

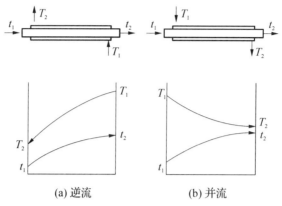

图 2-25 冷、热流体温度变化示意图

并流和逆流时的平均温度差经推导得：

$$\Delta t_{\mathrm{m}} = \frac{\Delta t_1 - \Delta t_2}{\ln \dfrac{\Delta t_1}{\Delta t_2}} \qquad (2-26)$$

式中：Δt_1 为换热器热端热、冷流体温差；Δt_2 为换热器冷端热、冷流体温差。

并流时，$\Delta t_1 = T_1 - t_1$，$\Delta t_2 = T_2 - t_2$。

逆流时，$\Delta t_1 = T_1 - t_2$，$\Delta t_2 = T_2 - t_1$。

若换热器进、出口的两端温度比 $\Delta t_1 / \Delta t_2 \leqslant 2$，工程上常用算术平均值温度差作为换热器的有效平均温差，即：

$$\Delta t_{\mathrm{m}} = \frac{\Delta t_1 + \Delta t_2}{2} \qquad (2-27)$$

讨论：

① 式(2-27)虽然是从逆流推导来的，但也适用于并流。

② 习惯上将较大温差记为 Δt_1，较小温差记为 Δt_2。

③ 当 $\Delta t_1 / \Delta t_2 < 2$，则可用算术平均值代替，$\Delta t_{\mathrm{m}} = \dfrac{\Delta t_1 + \Delta t_2}{2}$（误差<4%，工程计算可接受）。

d. 当 $\Delta t_1 = \Delta t_2$，$\Delta t_{\mathrm{m}} = \Delta t_1 = \Delta t_2$。

例 2-3 在列管式换热器中，热流体由 180℃冷却至 140℃，冷流体由 60℃加热到 120℃，试计算并流操作 $\Delta t_{\mathrm{m并}}$ 和逆流操作的 $\Delta t_{\mathrm{m逆}}$。

解

$$180℃ \rightarrow 140℃$$
$$\underline{60℃ \rightarrow 120℃}$$

并流操作 $\qquad \overline{120℃ \qquad 20℃}$

$$\Delta t_{m并} = \frac{\Delta t_1 - \Delta t_2}{\ln \dfrac{\Delta t_1}{\Delta t_2}} = \frac{120 - 20}{\ln \dfrac{120}{20}} = \frac{100}{1.79} = 55.9(℃)$$

$$180℃ \rightarrow 140℃$$

逆流操作

$$\frac{120℃ \leftarrow 60℃}{60℃ \quad\quad 80℃}$$

故

$$\Delta t_{m逆} = \frac{80 - 60}{\ln \dfrac{80}{60}} = \frac{20}{0.288} = 69.5(℃)$$

由例 2-3 可知,逆流操作平均温度温差大于并流操作平均温度差,采用逆流操作可节省传热面积,可以省省加热剂或冷却剂的用量。但是在某些对生产工艺有特殊要求时,如要求冷流体被加热时不能超过某一温度,或热流体被冷却时不能低于某一温度,则宜采用并流操作。

（2）错流和折流时的平均温度差

在大多数的列管换热器中,两流体并非简单的逆流或并流,因为传热的好坏,除考虑温度差的大小外,还要考虑到影响传热系数的多种因素以及换热器的结构是否紧凑合理等。所以实际上两流体的流向,是比较复杂的多程流动,或是相互垂直的交叉流动。

错流是指两种流体的流向垂直交叉。折流是指一流体只沿一个方向流动,另一流体反复来回折流,或者两流体都反复折回。复杂流是几种流动形式的组合,如图 2-24 所示。

错流或折流时的平均温度差是先按逆流计算对数平均温度差 Δt_m,再乘以温度差修正系数 φ_Δ 得出,即:

$$\Delta t_m = \varphi_\Delta \Delta t_{m逆} \tag{2-28}$$

校正系数 φ_Δ,与冷热两流体的温度变化有关,是 R 和 P 两参数的函数,即:

$$\varphi_\Delta = f(R, P)$$

$$R = \frac{T_1 - T_2}{t_2 - t_1} = 热流体温降/冷流体温升$$

$$P = \frac{t_2 - t_1}{T_1 - t_1} = 冷流体温升/流体最初温差$$

校正系数 φ_Δ 可根据 R 和 P 两参数从相应的图中查得。温差校正系数 φ_Δ 恒小于 1,这是由于各种复杂流动中同时存在逆流和并流的缘故,因此复杂流的 Δt_m 比纯逆流的要小。在列管换热器内增设了折流挡板及采用多管程,使得换热的冷、热流体在换热器内呈折流或错流,导致实际平均传热温差恒低于纯逆流时的平均传热温差,通常在换热器的设计中规定 φ_Δ 值不应小于 0.8,若低于此值,则应考虑增加壳程数,或将多台换热器串联使用,使传热过程更接近于逆流。当 φ_Δ 值小于 0.8 时,传热效率低,经济上不合理,操作不稳定。若在校正系数系列图上找不到某种 P、R 的组合,说明此种换热器达不到规定的传热要求,因而需改用其他流向的换热器。

在大多数的列管式换热器中，两流体并非简单的逆流或并流，因为传热的好坏，除考虑温度差的大小外，还要考虑影响传热系数的多种因素以及换热器的结构是否紧凑合理等。所以实际上两流体的流向是比较复杂的多程流动，或是相互垂直的交叉流动。

五、总传热系数 K

传热系数是评价换热器传热性能的重要参数，又是对传热设备进行工艺计算的基本数据。K 的数值与流体的物性、传热过程的操作条件及换热器的类型等很多因素有关，因此 K 值的变动范围较大。传热系数的来源主要有以下三个方面。

1. 实验测定

对现有的换热器，通过实验测定有关的数据，如流体的流量、温度和换热器的尺寸等，然后根据测定的数据求得传热速率 Q、平均温度差 Δt_{m} 和传热面积 A，再由传热基本方程计算 K。显然，实验得到的 K 值可靠性较高，但是其使用范围有所限制，只有与测定情况（如换热器的类型、尺寸、流体的性质和操作条件）一致时才准确。实测 K 值，不仅可以为换热器的计算提供依据，而且可以了解换热器的性能，以便寻求提高换热器的传热能力的途径。

2. 公式计算

（1）总传热系数的计算

在换热器结构确定的前提下，传热系数 K 可用公式计算，计算公式可利用串联热阻加和原理导出。为方便推导，现假设热流体于换热器的管内流动，冷流体于管外流动。在换热器内两流体的热交换过程由三个串联的传热过程组成：热流体侧的对流、管壁内的热传导和冷流体侧的对流。

热流体一侧的对流传热速率：

$$Q_1 = \frac{T - T_{w}}{\dfrac{1}{\alpha_i A_i}}$$

管壁内的热传导速率：

$$Q_2 = \frac{T_{w} - t_{w}}{\dfrac{b}{\lambda A_{m}}}$$

冷流体一侧的对流传热速率：

$$Q_3 = \frac{t_{w} - t}{\dfrac{1}{\alpha_o A_o}}$$

式中：A_i，A_o，A_m 分别是换热器管内表面积、管外表面积和管内外表面积平均值，单位为 m^2；α_i，α_o 分别是管内、管外对流传热系数，单位为 $W/(m^2 \cdot ℃)$ 或 $W/(m^2 \cdot K)$；T_{w}，t_{w} 分别是管壁热流体侧、冷流体侧的壁温，单位为 ℃ 或 K；T，t 分别是热流体和冷流体的温度,单位为℃或 K。

对于稳定传热过程,通过各步骤的传热速率相等,即:

$$Q = Q_1 = Q_2 = Q_3$$

由等比定理得:

$$Q = \frac{T - t}{\dfrac{1}{\alpha_i A_i} + \dfrac{b}{\lambda A_m} + \dfrac{1}{\alpha_o A_o}} \qquad (2-29)$$

即有传热过程的总热阻等于各部分热阻之和:

$$\frac{1}{KA} = \frac{1}{\alpha_i A_i} + \frac{b}{\lambda A_m} + \frac{1}{\alpha_o A_o} \qquad (2-30)$$

若以管外表面积为基准,取 $A = A_o$,则有:

$$\frac{1}{K_o} = \frac{1}{\alpha_o} + \frac{b}{\lambda}\frac{A_o}{A_m} + \frac{A_o}{\alpha_i A_i} \qquad (2-31)$$

或

$$\frac{1}{K_o} = \frac{1}{\alpha_o} + \frac{b}{\lambda}\frac{d_o}{d_m} + \frac{d_o}{\alpha_i d_i} \qquad (2-32)$$

对于圆筒壁传热,传热系数 K 将随所取的传热面积 A 不同而异。工程上,习惯以管外表面积为基准,除了特别说明外,手册中所列的 K 值都是基于管外表面积的。

(2) 污垢热阻的影响

换热器的实际操作中,传热表面上常有污垢积存,对传热产生附加热阻,使总传热系数降低。由于污垢层的厚度及其热导率难以测量,因此通常选用污垢热阻的经验值作为计算 K 值的依据。若管壁内、外侧表面上的污垢热阻分别用 R_{si} 及 R_{so} 表示,则式(2-32)变为:

$$\frac{1}{K} = \frac{1}{\alpha_o} + R_{so} + \frac{b}{\lambda}\frac{d_o}{d_m} + R_{si}\frac{d_o}{d_i} + \frac{d_o}{\alpha_i d_i} \qquad (2-33)$$

式中:R_{si},R_{so} 分别为管内和管外的污垢热阻,又称污垢系数,单位为(m² · ℃)/W 或 (m² · K)/W。

常见流体的污垢热阻见表 2-4。

表 2-4　常见流体的污垢热阻

流体		污垢热阻 $R/(\text{m}^2 \cdot \text{K} \cdot \text{kW}^{-1})$
水(1 m/s, $t > 50℃$)	蒸馏水	0.09
	海水	0.09

流体		污垢热阻 $R/(\text{m}^2 \cdot \text{K} \cdot \text{kW}^{-1})$
水（1 m/s，$t > 50\text{℃}$）	清净的河水	0.21
	未处理的凉水塔用水	0.58
	已处理的凉水塔用水	0.26
	已处理的锅炉用水	0.26
	硬水、井水	0.58
气体	空气	0.26～0.53
	溶剂蒸汽	0.14
水蒸气	优质（不含油）	0.052
	劣质（不含油）	0.09
	往复机排出	0.176
液体	处理过的盐水	0.264
	有机物	0.176
	燃料油	1.056
	焦油	1.76

讨论：

当传热壁面为平壁或薄壁管时，d_i、d_o、d_m 近似相等，式（2-33）可简化为：

$$\frac{1}{K} = \frac{1}{\alpha_o} + R_{so} + \frac{b}{\lambda} + R_{si} + \frac{1}{\alpha_i} \qquad (2-34)$$

（3）提高总传热系数的途径

当污垢热阻、管壁热阻可忽略（固体壁面材料为金属时，热导率很大，b/λ 一项可忽略），且传热壁面为平壁或薄壁管时，式（2-34）可写为：

$$\frac{1}{K_o} = \frac{1}{\alpha_i} + \frac{1}{\alpha_o} \qquad (2-35)$$

若 $\alpha_o \gg \alpha_i$，$K \approx \alpha_i$，称为管壁内侧对流传热控制，此时欲提高 K 值，关键在于提高管壁内侧的对流传热系数；若 $\alpha_i \gg \alpha_o$，$K \approx \alpha_o$，则称为管壁外侧对流传热控制，此时欲提高 K 值，关键在于提高外侧的对流传热系数。

由此可见，K 总是接近于 α 小的一侧流体的对流传热系数值，且永远小于 α 的值，当两流体的 α 值相差较大时，应设法提高 α 较小一侧流体的 α 值。若 $\alpha_i \approx \alpha_o$，则称为管内、外侧对流传热控制，此时必须同时提高两侧的对流传热系数才能提高 K 值。

3. 选取经验值

在设计换热器时，需预知总传热系数 K，对换热器总传热系数做估算。换热器中的总传热系数 K，主要取决于流体的物性、传热过程的操作条件及换热器的种类等，因而变化范围很大。某些情况下,列管式换热器的总传热系数经验值见表 2－5,有关手册也有不同情况下的经验值,可供设计时参考。

表 2－5　常见列管换热器传热情况下的总传热系数

冷流体	热流体	$K/(\mathrm{W \cdot m^{-2} \cdot ℃^{-1}})$
水	水	850～1 700
水	气体	17～280
水	有机溶剂	280～850
水	轻油	340～910
水	重油	60～280
有机溶剂	有机溶剂	115～340
水	水蒸气冷凝	1 420～4 250
气体	水蒸气冷凝	30～300
水	低沸点烃类冷凝	455～1 140
水沸腾	水蒸气冷凝	2 000～4 250
轻油沸腾	水蒸气冷凝	455～1 020

例 2－4 热空气在冷却管管外流过,$\alpha_o = 50\ \mathrm{W/(m^2 \cdot ℃)}$,冷却水在管内流过,$\alpha_i = 1\ 000\ \mathrm{W/(m^2 \cdot ℃)}$。冷却管外径 $d_o = 19\ \mathrm{mm}$,壁厚 $\delta = 2\ \mathrm{mm}$,管壁的热导率 $\lambda = 45\ \mathrm{W/(m \cdot ℃)}$。试求:换热器的总传热系数 K_o。

解 由式(2－34)可知:

$$K_o = \cfrac{1}{\cfrac{1}{\alpha_i} \times \cfrac{d_o}{d_i} + \cfrac{\delta}{\lambda} \times \cfrac{d_o}{d_m} + \cfrac{1}{\alpha_o}}$$

$$= \cfrac{1}{\cfrac{1}{1\ 000} \times \cfrac{19}{15} + \cfrac{0.002}{45} \times \cfrac{19}{17} + \cfrac{1}{50}}$$

$$= \cfrac{1}{0.001\ 27 + 0.000\ 05 + 0.02}$$

$$= 46.9[\mathrm{W/(m^2 \cdot ℃)}]$$

由上述计算可知,管壁热阻很小,通常可以忽略不计,传热主要热阻是管外空气对流传热热阻。

▶ 子任务 3　选型设计换热器 ◀

一、列管换热器的型号

鉴于列管换热器应用极广,为便于制造和选用,有关部门已制定了列管换热器的系列标准。每种列管换热器的基本参数主要有公称换热面积 S、公称直径 DN、公称压力 PN、换热管规格、换热管长度 L、管子数量 n、管程数 N 等。

列管换热器的型号由五部分组成:换热器代号、公称直径、管程数、公称压力、公称换热面积。如 G600 II - 1.6 - 55 为公称直径为 600 mm、公称压力为 1.6 MPa、公称换热面积为 55 m^2 的双管程固定管板式换热器。

二、列管换热器的选用

列管式换热器选型设计步骤如下:

（1）根据换热任务,选择合适的加热剂或冷却剂。

（2）确定基本数据(包括两流体的流量、进出口温度、定性温度下的有关物性、操作压力等)。

（3）确定流体在换热器内的流动途径。

（4）根据两流体的温度差和流体类型,确定换热器的结构形式。

（5）确定并计算热负荷。

（6）先按逆流(单壳程、单管程)计算平均温度差。

（7）选取总传热系数,并根据传热速率基本方程,初步算出传热面积,并确定初选换热器的实际换热面积,以及在实际换热面积下所需的传热系数。

（8）压力降校核,根据初选设备的情况,计算管程、壳程流体的压力差是否合理,若压力降不符合要求,则需重新选择其他型号的换热器,重新完成上面的计算,直至压力降满足要求。

（9）核算总传热系数,计算换热器管程、壳程流体的传热系数,确定污垢热阻,再计算总传热系数,由传热基本方程求出所需传热面积,再与换热器的实际换热面积比较,若实际换热面积与所需换热面积之比在 1.1~1.25,则认为合理,否则需另选总传热系数,重复上述计算步骤直至符合要求。

▶ 子任务 4　强化传热过程 ◀

所谓强化传热,就是提高换热器的传热速率。从传热基本方程 $Q = KA\Delta t_m$ 可以看出,增大传热面积 A、提高传热平均温度差 Δt_m 和提高传热系数 K 都可以达到强化传热的目的。

一、增大传热面积 A

根据换热器的特点可知,增大传热面积不能仅靠加大设备的尺寸来实现,必须改进设备的结构,使单位体积的设备提供较大的传热面积。当间壁两侧对流传热系数相差很大时,增大 α 小的一侧的传热面积,会大大提高传热速率。例如,用螺纹管或翅片管代替光滑管可显著提高传热效果。此外,使流体沿流动截面均匀分布,减少"死区",可使传热面得到充分利用。

二、提高传热平均温度差 Δt_m

提高传热平均温度差 Δt_m 可以提高传热速率。平均温度差的大小取决于两流体的温度大小及其流动形式。一般来说,物料的温度由工艺条件决定,不能随意变动,但加热剂或冷却剂的温度可以通过选择不同的介质和流量而有很大的变化。例如,用饱和水蒸气作为加热剂时,增加水蒸气的压力可以提高其温度。具体措施如下:

(1) 当两侧流体变温传热时,尽量采用逆流操作。

(2) 提高加热剂的温度(如采用蒸汽加热,可提高蒸汽的压力);降低冷却剂的进口温度。

三、提高传热系数 K

提高传热系数 K 可以提高传热速率。这是强化传热过程中最现实和有效的途径。欲提高传热系数,就要减小传热的总热阻。减小任一项分热阻,都可以提高 K,但要有效地提高 K,应设法减小其中对 K 值影响最大、最有控制作用的热阻项。一般金属壁热阻、一侧为沸腾或冷凝时的热阻均不会成为控制因素,因此,应着重考虑无相变流体一侧的热阻和污垢热阻。

1. 加大流速,增大湍动程度,减小层流内层厚度

加大流速,增大湍动程度,减小层流内层厚度,可有效地提高无相变流体的对流传热系数。例如,列管式换热器中增加管程数、壳体中增加折流挡板等。但随着流速提高,阻力增大很快,故提高流速受到一定的限制。

2. 增大对流体的扰动

通过设计特殊的传热壁面,使流体在流动中不断改变方向,提高湍动程度,如管内装扭曲的麻花铁片、螺旋圈等添加物;采用各种凹凸不平的波纹状或粗糙的换热面,均可提高传热系数,但这样也往往伴有压降增加。近年来,发展了一种壳程用折流杆代替折流板的列管式换热器,即在管子四周加装一些直杆,既起固定管束的作用,又加强了壳程流体的湍动。此外,利用传热进口段的层流内层较薄、局部传热系数较高的特点,采用短管换热器,也有利于提高管内传热系数。

3. 抑制污垢的生成或及时除垢

污垢热阻是一个可变的因素,在换热器刚投入使用时,污垢热阻很小,可不考虑。但随着使用时间的延长,污垢逐渐沉积,便可成为阻碍传热的主要因素,这时要提高 K,则必

须设法减缓污垢的形成，同时及时清除污垢。

减小污垢热阻的具体措施有：提高流体的流速和扰动，以减弱垢层的沉积；加强水质处理，尽量采用软化水；加入阻垢剂，防止和减缓垢层的形成；定期采用机械或化学的方法清除污垢。

总之，强化传热的途径是多方面的，对于实际的传热过程要具体问题具体分析，并对换热器的结构与制造费用、动力消耗、检修操作等全面地考虑，采取经济合理的措施。

任务四 操作与维护换热设备

换热器开、停车及运行操作要遵循正确的操作规程。阀门的开启和关闭快慢程度、通入冷热流体的先后顺序等均会影响换热器的使用寿命。换热器运行过程中不凝性气体及冷凝液是否按操作规程排放，也会影响换热器的换热效果。

同时，设备的维护也是设备正常运行的客观要求。设备在使用过程中，由于物质运动、化学反应以及人为因素等，难免会造成损耗（如松动、摩擦、腐蚀等），如不及时处理，将会使设备寿命缩短，甚至造成严重的事故。因此必须学习正确的操作规程，做好设备的日常维护，以便安全使用换热器。

▶ 子任务 1 操作换热器 ◀

一、换热器的操作流程

1. 投用前

检查换热器静电接地是否良好；检查地脚螺栓及各连接法兰螺栓是否松动；检查出入口阀门是否完好，手轮是否齐全好用；检查换热器壳体表面有无变形、碰伤裂纹、锈蚀麻坑等缺陷；检查温度、压力表等仪表是否好用。

2. 投用中

（1）全开冷流体的出口阀，检查法兰、头盖是否有泄漏，确认无泄漏后再慢慢打开冷流体的入口阀至全开（冷流体为循环水时，先控制水流量在正常生产时用水量的50%～80%）。

（2）缓慢关副线阀，注意观察出入口端压力差的变化情况，同时联系内操观察流量变化或上、下游设备液位变化情况，如压力差超过 0.1 MPa 或流量液位波动大，先检查确认是否存在憋压情况，确认压力差不再继续升高及流量液位正常后，再缓慢减小副线阀至全关（水冷器投用时不需要进行此步操作）。

（3）冷流体投用后，现场检查相关管线、阀门、头盖，确认无泄漏后，联系内操对相关流量、温度、压力等参数检查确认。

（4）确认冷流体投用无异常后，全开热流体的出口阀，检查法兰、头盖是否有泄漏，确认无泄漏后再慢慢打开热流体的入口阀至全开。注意：先引冷物料，后引热物料，可以有效避免设备急剧变形造成泄漏。

（5）逐步关小副线阀，联系内操检查冷流体温度变化，控制冷流体温度上升速度不超过规定值,联系内操观察流量变化或上、下游设备液位变化情况,外操现场检查确认无异常后,按工艺控制要求逐步关小副线阀至全关。

3. 停用

（1）先开热流体的副线阀,后关闭热流体进、出口阀。

（2）先开冷流体的副线阀,后关闭冷流体进、出口阀。

（3）若正常停用,随工艺管线一起进行蒸汽吹扫。

4. 吹扫

（1）管壳程的扫线流程开通后方能给汽吹扫,以防止超压损坏设备。

（2）蒸汽吹扫时,应考虑到换热器所能承受的单向受热能力,吹扫单程时,另一程放空阀必须打开。

（3）吹扫干净后,停汽,放净水。

二、换热器操作注意事项

（1）严禁超温、超压,以免影响设备使用寿命及损坏设备。

（2）严禁换热器单面受热,以免发生泄漏;一旦发生泄漏,应及时切出。

（3）换热器投用或切出时严禁升、降温速度过快,应控制升温速度在50℃/h以下。

（4）投用设备前必须检查并将放空阀关闭,以免造成跑油或引起着火。

（5）冷却器投用时,水的阀门开度要适中,当热油投用后,根据操作要求调节好上水量,并控制循环水回水温度不得大于50℃,避免冷却器因水流速度过慢,加速冷却器内部腐蚀,导致冷却器穿孔。

（6）对于水冷却器应经常检查冷却水是否带油,发现带油应及时切除。

（7）换热器发生泄漏时,应将换热器切除。

（8）应经常检查压力、温度变化情况以及换热器是否有泄漏情况。

（9）应经常检查大头盖、管箱、放空阀等法兰连接处有无泄漏,发现问题及时进行处理、汇报,确认无异常后方可进行下一步操作。

▶ 子任务2　分析与处理换热器故障 ◀

一、列管式换热器的常见故障及其处理

50％以上的管式换热器故障是由管子引起的,下面简单介绍更换管子、堵塞管子和对管子进行补偿的具体方法。

当管子出现故障时必须更换管子。对胀接管,必须先钻孔,除掉胀管头,拔出坏管,然后换上新管进行胀接。注意:换下坏管时,不能碰伤管板的管孔;同时在胀接新管时,要清除管孔的残留物,否则可能引起渗漏。对焊接管,须用专用工具将焊缝进行清理,拔出坏管,换上新管进行焊接。

更换管子的工作是比较麻烦的,因此只有当个别管子损坏时,可用管堵将管子两端堵

死,管堵材料的硬度不能高于管子的硬度,堵死的管子的数量不能超过换热器该管程总管数的 10%。

表 2-6 列管式换热器的常见故障与处理方法

故障	产生原因	处理方法
传热效率下降	列管结垢	清洗管子
	壳体内不凝气或冷凝液增多	排放不凝气和冷凝液
	列管、管路或阀门堵塞	检查清理
振动	壳程介质流动过快	调节流量
	管路振动所致	加固管路
	管束与折流板的结构不合理	改进设计
	机座刚度不够	加固机座
管板与壳体连接处开裂	焊接质量不好	清除补焊
	外壳歪斜,连接管线拉力或推力过大	重新调整找正
	腐蚀严重,外壳壁厚减薄	鉴定后修补
管束、胀口渗漏	管子被折流板磨破	堵管或换管
	壳体和管束温差过大	补胀或焊接
	管口腐蚀或胀(焊)接质罐差	换管或补胀(焊)

二、板式换热器的常见故障及其处理

表 2-7 板式换热器的常见故障与处理方法

故障	产生原因	处理方法
密封处渗漏	胶垫未放正或扭烂	重新组装
	螺栓紧固力不均匀或紧固不够	调整螺栓紧固度
	胶垫老化或有损伤	更换新垫
内部介质渗漏	板片有裂缝	检查更新
	进出口胶垫不严密	检查修理
	侧面压板腐蚀	补焊、加工
传热效率下降	板片结垢严重	解体清理
	过滤器或管路堵塞	清理

> ▶ **子任务 3　维护保养换热器** ◀

以列管式换热器与板式换热器为例,阐述换热器的维护和保养方法,保证换热器的顺利进行。

一、列管式换热器的维护和保养

1. 保持设备外部整洁、保温层和油漆完好。

2. 保持压力表、温度计、安全阀和液位计等仪表和附件的齐全、灵敏和准确。

3. 发现阀门和法兰连接处渗漏时,应及时处理。

4. 开停换热器时不要将阀门开得太猛,否则容易使管子和壳体受到冲击,并造成局部骤然胀缩,产生热应力,使局部焊缝开裂或管子连接口松弛。

5. 尽可能减少换热器的开停次数。换热器停止使用时,应将换热器内的液体清洗放尽,防止冻裂和腐蚀。

6. 定期测量换热器的壳体厚度,一般两年一次。

二、板式换热器的维护和保养

1. 保持设备整洁、油漆完好,紧固螺栓的螺纹部分应涂防锈油并加外罩,防止生锈和黏结灰尘。

2. 保持压力表、温度计灵敏、准确,阀门和法兰无渗漏。

3. 定期清理和切换过滤器,预防换热器堵塞。

4. 组装板式换热器时,螺栓的拧紧操作要对称进行,松紧应适宜。

> ▶ **子任务 4　换热器仿真操作** ◀

换热生产工艺指标的调控是维持生产稳定操作的关键,下面以92℃冷流体被热流体加热至145℃为例,完成换热操作。在操作过程中体会操作的原理、方法及相关工艺参数对传热的影响。

一、工艺流程

1. 工艺说明

来自界外的92℃冷流体(沸点198.25℃)由泵P101A/B送至列管式换热器E101的壳程,被流经管程的热流体加热至145℃,并有20%被汽化。冷流体流量由流量控制器FIC101控制,正常流量为12 000 kg/h。来自另一设备的225℃热流体经泵P102A/B送至换热器E101与注进壳程的冷流体进行热交换,热流体出口温度由TIC101控制(177℃)。列管式换热器的DCS图和现场图如图2-26和图2-27所示。

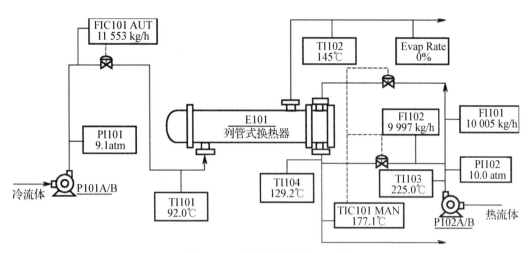

图 2 - 26 列管式换热器 DCS 图

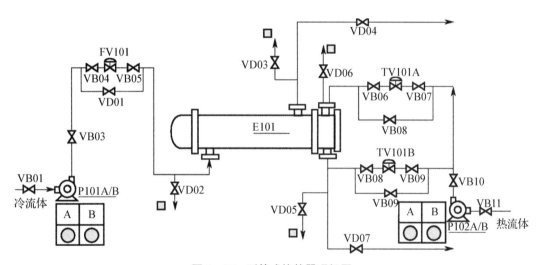

图 2 - 27 列管式换热器现场图

2. 仪表说明

本操作涉及的仪表见表 2 - 8。

表 2 - 8 相关仪表

位号	说明	类型	正常值	量程上限	量程下限	工程单位	高报值	低报值	高高报值	低低报值
FIC101	冷流入口流量控制	PID	12 000	20 000	0	kg/h	17 000	3 000	19 000	1 000
TIC101	热流入口温度控制	PID	177	300	0	℃	255	45	285	15
PI101	冷流入口压力显示	AI	9.0	27 000	0	atm	10	3	15	1
TI101	冷流入口温度显示	AI	92	200	0	℃	170	30	190	10
TI102	冷流出口温度显示	AI	145.0	300	0	℃	17	3	19	1

续　表

位号	说明	类型	正常值	量程上限	量程下限	工程单位	高报值	低报值	高高报值	低低报值
PI102	热流入口压力显示	AI	10.0	50	0	atm	12	3	15	1
TI103	热流入口温度显示	AI	225	400	0	℃	—	—	—	—
TI104	热流出口温度显示	AI	129	300	0	℃	—	—	—	—
FI101	流经换热器流量	AI	10 000	20 000	0	kg/h	—	—	—	—
FI102	未流经换热器流量	AI	10 000	20 000	0	kg/h	—	—	—	—

二、实训要领

1. 冷态开车过程:包括启动冷流体进料泵 P101A、冷流体进料、启动热流体入口泵 P102A、热流体进料等操作。

2. 正常运行过程:主要维持各工艺参数稳定运行,密切注意参数变化。

3. 正常停车与紧急停车过程:包括停热流体进料泵 P102A、停热流体进料、停冷流体进料泵 P101A、停冷流体进料、E101 管程泄液、E101 壳程泄液等操作。

4. 事故处理过程:包括泵坏、阀卡、管堵、结垢现象事故判断方法与处理方法。

自测练习

一、填空题

1. 工业上常用的换热方式有_____、_____和_____。

2. 传热的三种基本方式是_____、_____、_____。

3. 写出两种带有热补偿方式的列管式换热器名称:_____和_____。

4. 列管式换热器主要由_____、_____、_____、_____四部分组成。

5. 导热系数是表征导热性能的物理量,导热系数越大则导热性能越_____。(填写"大""小""不变")

6. 在铸铁、大理石、软木之间,导热效果最佳的是_____。

7. 根据流体对流情况不同,对流传热有_____和_____两种传热方式。

8. 有相变时对流传热系数_____无相变时对流传热系数。(填写">""<""=")

9. 蒸汽冷凝的方式分为_____和_____两种。

10. 对流传热过程中,热阻主要集中在_____。

11. 管壁上污垢的存在会使传热总热阻_____,总传热系数 K_____。

12. 换热器开车时应先开_____后开_____,停车时应先停_____后停_____。

二、选择题

1. 工业生产中常用的热源与冷源是　　　　　　　　　　　　　　　　　　　(　　)

A. 蒸汽和冷冻盐水　　　　　　　　B. 蒸汽与冷却水

C. 电加热与冷却水　　　　　　　　D. 导热油与冷冻盐水

2. 工业设备的保温材料,一般都取结构疏松、热导率_____的固体材料。　　（　　）

A. 较小　　　　　B. 较大　　　　　C. 无关　　　　　D. 不一定

3. 工业采用翅片状的暖气管代替圆钢管,其目的是　　　　　　　　　　　　（　　）

A. 增加热阻,减少热量损失　　　　　B. 节约钢材

C. 增强美观　　　　　　　　　　　　D. 增大传热面积,提高传热效果

4. 采用包覆三种保温材料 a、b、c 减少圆形管导热损失,若三种材料厚度相同,热导率 $\lambda_a > \lambda_b > \lambda_c$,则包覆的顺序从内到外依次为　　　　　　　　　　　　（　　）

A. a,b,c　　　　B. a,c,b　　　　C. c,b,a　　　　D. b,a,c

5. 对双层平壁的稳态导热过程,壁厚相同,各层导热系数分别为 λ_1 和 λ_2,其对应的温差分别为 Δt_1 和 Δt_2,若 $\Delta t_1 > \Delta t_2$,则 λ_1 和 λ_2 的关系为　　　　　　（　　）

A. $\lambda_1 < \lambda_2$　　　B. $\lambda_1 = \lambda_2$　　　C. $\lambda_1 > \lambda_2$　　　D. 不确定

6. 空气、水、金属固体的热导率(导热系数)分别为 λ_1、λ_2、λ_3,其大小顺序正确的是
　　　　　　　　　　　　　　　　　　　　　　　　　　　　　　　　　　（　　）

A. $\lambda_1 > \lambda_2 > \lambda_3$　　　　　　　B. $\lambda_1 < \lambda_2 < \lambda_3$

C. $\lambda_2 > \lambda_3 > \lambda_1$　　　　　　　D. $\lambda_2 < \lambda_3 < \lambda_1$

7. 对流传热时流体处于湍动状态,在滞流内层中,热量传递的主要方式是　　（　　）

A. 传导　　　　　　　　　　　　　　B. 对流

C. 辐射　　　　　　　　　　　　　　D. 传导和对流同时

8. 在管壳式换热器中安装折流挡板的目的是加大壳程流体的____,使湍动程度加剧,以提高壳程对流传热系数。　　　　　　　　　　　　　　　　　　　（　　）

A. 黏度　　　　　B. 密度　　　　　C. 速度　　　　　D. 高度

9. 在空气-蒸汽间壁换热过程中采取(　　)方法来提高传热速率最合理。

A. 提高蒸汽速度　　　　　　　　　　B. 采用过热蒸汽以提高蒸汽温度

C. 提高空气流速　　　　　　　　　　D. 将蒸汽流速和空气流速都提高

10. 下列四种不同的对流给热过程:空气自然对流 α_1,空气强制对流 α_2(流速为 3 m/s),水强制对流 α_3(流速为 3 m/s),水蒸气冷凝 α_4。其中 α 值的大小关系为　　（　　）

A. $\alpha_3 > \alpha_4 > \alpha_1 > \alpha_2$　　　　　　　B. $\alpha_4 > \alpha_2 > \alpha_1 > \alpha_3$

C. $\alpha_4 > \alpha_3 > \alpha_2 > \alpha_1$　　　　　　　D. $\alpha_3 > \alpha_2 > \alpha_1 > \alpha_4$

11. 对一台正在工作的列管式换热器,已知 $\alpha_i = 116$ W/(m² · K),$\alpha_o = 11\ 600$ W/(m² · K),要提高 K,最简单有效的途径是　　　　　　　　　　　　　　（　　）

A. 设法增大 α_i　　　　　　　　　B. 设法增大 α_o

C. 同时增大 α_i 和 α_o　　　　　　D. 增大 α_i 或 α_o 任意一个

12. 冷、热流体在换热器中进行无相变逆流传热,换热器用久后形成污垢层,在同样的操作条件下,与无垢层相比,结垢后的换热器的 K　　　　　　　　　　（　　）

A. 变大　　　　　　　　　　　　　　B. 变小

C. 不变　　　　　　　　　　　　　　D. 不确定

13. 下列不属于强化传热的措施是 （ ）

A. 传热面添加翅片　　　　　　　B. 增大流速

C. 定期清洗污垢　　　　　　　　D. 加装保温层

14. 冷、热流体进、出口温度均不变时，并流推动力____逆流推动力。 （ ）

A. 大于　　　　B. 等于　　　　C. 小于　　　　D. 不确定

15. 导致列管式换热器传热效率下降的原因可能是 （ ）

A. 列管结垢或堵塞　　　　　　　B. 不凝气或冷凝液增多

C. 管道或阀门堵塞　　　　　　　D. 以上三种情况

三、判断题

1. 物质的导热系数均随温度的升高而增大。 （ ）

2. 换热器投产时，先通入热流体，后通入冷流体。 （ ）

3. 提高传热速率的最有效途径是提高传热面积。 （ ）

4. 工业设备的保温材料，一般都是取导热系数较小的材料。 （ ）

5. 在列管式换热器中设置补偿圈的目的主要是便于换热器的清洗和强化传热。

（ ）

6. 传热速率即为热负荷。 （ ）

7. 列管式换热器不需要温度补偿。 （ ）

8. 凡稳定的圆筒壁传热，热通量为常数。 （ ）

9. 强制对流的对流传热系数比自然对流时的要小。 （ ）

10. 多层平壁稳定导热时，如果某层壁面导热系数小，则该层的导热热阻大。 （ ）

四、问答题

1. 试分析室内暖气片的散热过程，并说明各环节都有哪些热量传递方式。以暖气片管内流热水为例。

2. 浮头式换热器的结构主要包括哪几部分？有何特点？

3. 影响对流传热系数的因素有哪些？

4. 什么是强化传热？强化传热的途径有哪些？可采取哪些具体措施？

5. 简述列管式换热器的管程和壳程的含义，并说明如何判断流体的行程。

6. 为什么逆流操作可节约加热剂或冷却剂的用量？

五、计算题

1. 有一燃烧平面壁炉，壁炉由三种材料构成。最内层为耐火砖，其厚度为 0.15 m，热导率为 1.05 W/(m² · ℃)；中间层为保温砖，其厚度为 0.3 m，热导率为 0.15 W/(m² · ℃)；最外层为普通砖，其厚度为 0.25 m，热导率为 0.7 W/(m² · ℃)。现测得炉内壁温度为 1 000 ℃，耐火砖和保温砖间界面温度为 945 ℃。试求：

(1) 单位面积的热损失（W/m²）。

(2) 保温砖和普通砖间的界面温度。

(3) 普通砖外侧面的温度。

2. 在一列管式换热器内，热流体由 180 ℃冷却到 140 ℃，冷流体温度由 60 ℃上升到 120 ℃。换热器的热负荷为 585 kW，其传热系数 K 为 300 W/(m⁻² · ℃)。试计算两种流体逆流时所需的传热面积。

3. 用一台单程列管式换热器将某溶液从 140℃冷却至 40℃，换热器的液体处理量为 7 000 kg/h（C_p＝2.3 kJ/kg·℃）；冷却剂采用河水，其进口温度 20℃，出口温度 30℃；采用逆流操作，K＝700 W/m²·K。

试计算：(1) 热负荷；(2) 冷却水的用量；(3) 传热平均温度差；(4) 传热面积。

蒸发操作是一种利用加热的方式,使溶液中挥发性溶剂与不挥发性溶质得到分离的单元操作,即将待分离液加热至沸腾,分离液中一部分组分汽化并挥发,使得溶液中不挥发组分浓度提高。作为重要的化工单元操作之一,蒸发是工业生产中混合物分离常用的单元操作,广泛应用于化工、轻工、食品、制药等工业中。

工业上采用蒸发操作的主要目的如下:

(1)直接得到浓缩后的液体产品,如稀烧碱溶液的浓缩、各种果汁的浓缩等。

(2)制取纯净溶剂,如海水蒸发制取淡水。

(3)获取固体溶质脱除溶剂,如食糖的生产、医药工业中药物的生产。

教学目标

知识目标

1. 了解蒸发操作的应用、分类及特点;熟知蒸发器及主要附属设备结构。

2. 熟知蒸发操作的基本原理、流程;熟知蒸发操作的节能措施。

技能目标

1. 能选择合适的蒸发设备。

2. 能在生产、停产或检修时正确使用或停用蒸汽,并进行流量调节。

3. 会分析处理蒸发操作故障。

素质目标

1. 通过对蒸发技术知识的学习和了解,增进学生对蒸发技术的认识,提高学生的基本理论知识,增强学生的自信心,为后续学习奠定基础。

2. 通过创设问题、情景,培养职业素养,树立岗位意识。

3. 树立技术创新意识、环境保护意识和节能减排意识。

任务导入

隔膜法生产烧碱的主要过程如图 3-1 所示。隔膜电解槽制得的电解液中氢氧化钠的含量较低,质量分数仅为 11%～12%,而且还含有大量的氯化钠,不符合使用要求。由于稀碱液中的溶质氢氧化钠不具有挥发性,而水具有挥发性,因此生产上可以将稀碱液蒸发,使其中大量的水分汽化并挥发,这样原碱液中溶质氢氧化钠的浓度就得到了提高。通过蒸发可以得到质量分数为 42% 或者 50% 左右符合工艺要求的浓碱液。至于电解液里原有的大量氯化钠,则在蒸发过程中结晶析出后被化成盐水,此盐水在生产上称为回收盐水。由于这种回收盐,在生产中既含有氯化钠,又含有少量氢氧化钠,所以可以送到盐水工段去重复使用。

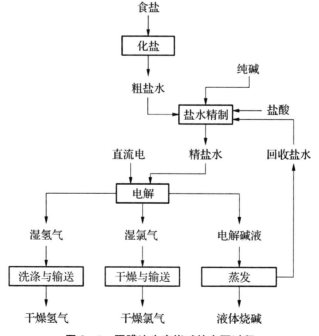

图 3-1 隔膜法生产烧碱的主要过程

任务一　认识蒸发操作

工程上把采用加热方法,将含有不挥发性溶质(通常为固体)的溶液在沸腾状态下,使其浓缩的单元操作称为蒸发。蒸发过程只从溶液中分离出部分溶剂,而溶质仍留在溶液中,因此,蒸发操作是一个使溶液中的挥发性溶剂与不挥发性溶质分离的过程。由于溶剂的汽化速率取决于传热速率,故蒸发操作属传热过程,蒸发设备为传热设备。但是,蒸发操作与一般传热过程比较,有以下几个特点。

1. 溶液沸点升高

由于溶液含有不挥发性溶质,因此,在相同温度下,溶液的蒸汽压比纯溶剂的小。也就是说,在相同压力下,溶液的沸点比纯溶剂的高,且溶液浓度越高,这种影响越显著。

2. 物料及工艺特性

物料在浓缩过程中,溶质或杂质常在加热表面沉积、析出结晶而形成垢层,影响传热。蒸发操作中有些溶质是热敏性的,在高温下停留时间过长易变质;还有些物料具有较大的腐蚀性或较高的黏度等。

3. 能量回收

蒸发过程是溶剂汽化过程,由于溶剂汽化潜热很大,所以蒸发过程是一个大能耗单元操作。因此,节能是蒸发操作应予考虑的重要问题。

▶ 子任务 1　认识蒸发操作的分类 ◀

一、根据蒸发方式分类

1. 自然蒸发

自然蒸发即溶液在低于沸点温度下蒸发,如海水晒盐。这种情况下,因溶剂仅在溶液表面汽化,溶剂汽化速率低。

2. 沸腾蒸发

将溶液加热至沸点,使之在沸腾状态下蒸发,称为沸腾蒸发。工业上的蒸发操作基本上都是此类。

二、根据加热方式分类

1. 直接热源加热

将燃料与空气混合,使其燃烧产生的高温火焰和烟气经喷嘴直接喷入被蒸发的溶液中从而加热溶液、使溶剂汽化的蒸发过程,称为直接热源加热方式。

2. 间接热源加热

容器间壁传给被蒸发的溶液使其蒸发的过程,称为间接热源加热方式。即为在间壁式换热器中进行的传热过程。

三、根据操作压力方式分类

蒸发操作根据操作压力的不同可分为加压蒸发、常压蒸发和减压(真空)蒸发。对于高黏度物料应采取加压高温热源加热(如导热油、熔盐等)进行蒸发。而热敏性物料,如抗生素溶液、果汁等通常在减压下进行。工业上的蒸发操作常在减压下进行,减压蒸发的优势在于:

(1)减压下溶液的沸点下降,有利于热敏性物料,且可利用低压的蒸汽或废蒸汽作为热源。

(2)溶液的沸点随所处的压力减少而降低,故对相同压力的蒸汽而言,当溶液处于减压时可以提高传热总温差。

(3)温度低,系统的热损失小。

但是减压蒸发时,由于溶液沸点降低,溶液的黏度增大,会导致系统的总传热系数下降。另外,减压蒸发系统要求有减压装置,系统的投资费用和操作费用均较高。

四、根据蒸发器效数分类

根据蒸发器效数不同可以将其分为单效蒸发和多效蒸发。若蒸汽产生的第二次蒸汽直接冷凝不再利用,称为单效蒸发,如图所示 3-2,即为单效真空蒸发。若将二次蒸汽作为下一效加热蒸汽,以利用其冷凝热,这种串联蒸发操作称为多效蒸发。

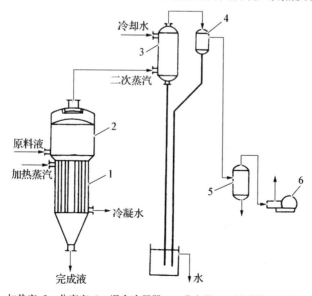

1—加热室;2—分离室;3—混合冷凝器;4—分离器;5—缓冲罐;6—真空泵。

图 3-2 单效蒸发流程示意图

▶ 子任务2 认识蒸发流程 ◀

一、单效蒸发原理及流程

图3-2为单效蒸发流程示意图，蒸发装置包括蒸发器和冷凝器。蒸发器由加热室和分离室两部分组成；加热器为列管式换热器。加热蒸汽在加热室的管间冷凝，放出的热量传递给管内的溶液，使其沸腾汽化。气液混合物在分离室中分离，其中液体又落回加热室，从分离室出来的蒸汽先经过顶部的除沫器除去夹带的液滴，再进入冷凝器与冷水混合冷凝后排出；不凝气由冷凝器顶部排出。当加热室内溶液浓缩到规定浓度后排出蒸发器作为产品。

分离室分离出来的蒸汽又称二次蒸汽，其与加热蒸汽是不同的。蒸发过程需要不断向其提供热能，工业上采用的热源通常为水蒸气，而蒸发的物料通常为水溶液，蒸发时产生的蒸汽也是水蒸气，故为了便于区分，称溶液蒸发出来的蒸汽为二次蒸汽。

二、多效蒸发原理及流程

在蒸发生产过程中，会产生大量的二次蒸汽，且含有大量的潜热，因此可以回收利用。为了节约资源，降低能耗，必须提高加热蒸汽的经济性，多效蒸发是最主要的途径。按照溶液与蒸汽相对流向的不同，常见的多效蒸发操作流程有以下三种（均以三效蒸发为例）。

1. 并流（顺流）加料蒸发流程

如图3-3所示，在并流加料三效蒸发流程中，溶液和加热蒸汽的流向相同，均从第一效开始按顺序流到第三效后结束。其中第一效是生蒸汽，即由其他蒸汽发生器产生的蒸汽，第二效和第三效的蒸汽是二次蒸汽。此时，第一效产生的蒸汽是第二效蒸发的加热蒸汽，第二效蒸汽产生的二次蒸汽是第三次蒸发的加热蒸汽。原料液进入第一效浓缩后由第三效底部排出。

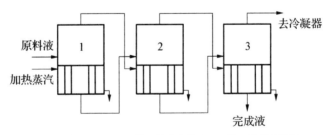

1—第一效蒸发装置；2—第二效蒸发装置；3—第三效蒸发装置。

图3-3 并流加料三效蒸发流程示意图

并流加料蒸发流程的优点为：后效蒸发室的压力比前效低，料液可借相邻二效的压强差自动流入后一效，而不需用泵输送；同时，由于前一效的沸点比后一效的高，因此当物料进入后一效时，会产生自蒸发，可多蒸出一部分水汽。此外，这种流程的操作较简便，易于稳定。但其主要缺点是传热系数会下降,这是因为后序各效的溶液浓度会逐渐增高,但沸点反而逐渐降低,从而导致溶液黏度逐渐增大。

2. 逆流加料蒸发流程

如图 3-4 所示,在逆流加料蒸发流程中,料液和加热蒸汽的流向相反。具体流程为:料液从末效加入蒸发浓缩后,用泵将浓缩液送至前一效直至第一效,得到完成液;生蒸汽从第一效加入后经过放热冷凝成液体,产生的二次蒸汽进入第二效,在对料液加热后冷凝成液体,第二效产生的二次蒸汽进入第三效对原料加热,释放热量后冷凝成液体排出。

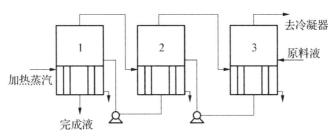

1—第一效蒸发装置;2—第二效蒸发装置;3—第三效蒸发装置。

图 3-4　逆流加料三效蒸发流程示意图

逆流加料蒸发流程的优点是:各效浓度和温度对溶液黏度的影响大致抵消,各效的传热条件大致相同,即传热系数大致相同。其缺点是:料液输送必须用泵;另外,进料也没有自蒸发。一般这种流程只有在溶液黏度随温度变化较大的场合才被采用。

3. 平流加料蒸发流程

如图 3-5 所示,在平流加料蒸发流程中,原料液分别加入各效蒸发器中,完成液分别由各效引出。蒸汽流向是第一效进生蒸汽,产生的二次蒸汽进入第二效并释放热量后冷凝成液体,第二效产生的二次蒸汽进入第三效,在第三效释放热量后冷凝排出。平流加料蒸发中蒸汽的走向与并流相同,但原料液和完成液则分别从各效加入和排出。这种流程适用于处理易结晶物料,如食盐水溶液等的蒸发。

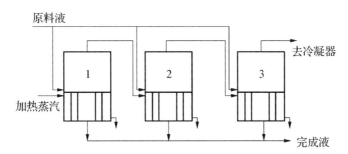

1—第一效蒸发装置;2—第二效蒸发装置;3—第三效蒸发装置。

图 3-5　平流加料三效蒸发流程示意图

任务二　蒸发设备的认识与选择

工业生产中使用的蒸发设备实为传热设备,其主体是蒸发器,它是料液受热形成蒸汽的场所。

▶ 子任务 1　认识蒸发设备及附属装置 ◀

蒸发操作时,根据两流体之间的接触方式不同,可将蒸发器分为直接加热式蒸发器和间接加热式蒸发器。间接加热式蒸发器主要由加热室和分离室组成。按加热室的结构和操作时溶液的流动情况,可将工业中常用的间接式加热蒸发器分为循环型(非膜式)和非循环型(膜式)两大类。以下介绍几种常用的蒸发器及蒸发设备的附属装置。

一、自然循环型蒸发器

1. 中央循环管式蒸发器

中央循环管式蒸发器为最常见的蒸发器,其结构如图 3-6 所示,它主要由加热室、蒸发室、中央循环管和除沫器组成。该类蒸发器的加热器由垂直管束构成,管束中央有一根直径较大的管子,称为中央循环管,其截面积一般为管束总截面积的 $40\% \sim 100\%$。当加热蒸汽(介质)在管间冷凝放热时,由于加热管束内单位体积溶液的受热面积远大于中央循环管内溶液的受热面积,管束中溶液的相对汽化率就大于中央循环管的汽化率,所以管束中气液混合物的密度远小于中央循环管内气液混合物的密度。这就造成了混合液在管束中向上,在中央循环管向下的自然循环流动。混合液的循环速度与密度差和管长有关。密度差越大,加热管越长,循环**速度越大**。但这类蒸发器受总高限制,通常加热管为 $1 \sim 2$ m,直径为 $25 \sim 75$ mm,长径比为 $20 \sim 40$。

中央循环管式蒸发器的主要优点是:结构简单、紧凑,制造方便,操作可靠,投资费用少。缺点是:清理和检修麻烦,溶液循环速度较低,一般仅在 0.5 m/s 以下,传热系数小。中央循环管式蒸发器在工业上的

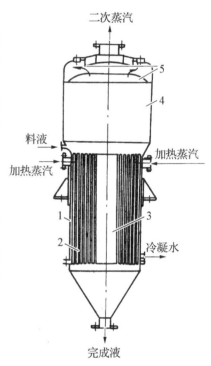

1—外壳;2—加热室;3—中央循环管;
4—蒸发室;5—除沫器。

图 3-6　中央循环管式蒸发器结构图

应用较为广泛,它适用于黏度适中,结垢不严重,有少量结晶析出,及腐蚀性不大的场合。

2. 悬筐式蒸发器

(1)结构

悬筐式蒸发器的加热室像个筐,悬挂在加热室中。

(2)循环原理

悬筐式蒸发器的循环原理与中央循环管式蒸发器的相同,但溶液是沿加热室与壳体所形成的环隙行进的,环隙截面积约为加热管束总面积的100%～150%。

(3)特点

① 热损小,因悬筐式蒸发器外壳接触的是温度较低的料液。

② 易检修,因悬筐式蒸发器的加热室可由蒸发器顶部取出。

③ 循环速度较中央循环管式蒸发器大。

④ 结构复杂。

(4)适用范围

悬筐式蒸发器适用于在蒸发过程中易结晶、结垢的溶液。

3. 外加热式蒸发器

外加热式蒸发器如图3-7所示。其主要特点是加热器与分离室为分开安装,这样不仅易于清洗、更换,还有利于降低蒸发器的总高度。这种蒸发器的加热管较长(管长与管径之比为50～100),且循环管不被加热,故溶液的循环速度可达1.5 m/s,这既利于提高传热系数,也利于减轻结垢。

4. 列文蒸发器

(1)结构

列文蒸发器由加热室、沸腾室、分离室和循环管组成,其特别之处在于加热室上部增设了直管作为沸腾室。该

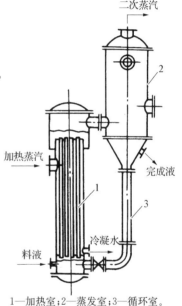

1—加热室;2—蒸发室;3—循环室。

图3-7　外加热式蒸发器

设计使加热室中溶液由于受到附加的液柱静压强的作用而不在加热室中沸腾,当溶液升到沸腾室时,其所受压力降低后才开始沸腾,这可减少溶液在加热管壁上因沸腾浓缩、析出结晶而结垢,使其传热效果更好。

(2)特点

列文蒸发器加热室、循环室温差大,密度差大,循环速度大;且因液体静压强引起的温度差损失大,因此要求加热蒸汽的压强高。

(3)适用范围

有结晶析出的溶液均可使用列文蒸发器进行蒸发操作。

二、强制循环蒸发器

上述几种蒸发器均为自然循环型蒸发器,即靠加热管与循环管内溶液的密度差作为推动力,使溶液循环流动,因此循环速度一般较低,尤其在蒸发黏稠溶液(易结垢及有大量结晶

析出)时就更低。为提高循环速度,可采用强制循环蒸发器,即用循环泵进行强制循环。这种蒸发器的循环速度可达 1.5～5 m/s。其优点是传热系数大,利于处理黏度较大、易结垢、易结晶的物料。但该蒸发器的动力消耗较大,每平方米传热面积消耗的功率约为 0.4 kW～0.8 kW。

三、单程型蒸发器

循环型蒸发器有一个共同的缺点,即蒸发器内溶液的滞留量大,物料在高温下停留时间长,这对处理热敏性物料甚为不利。在单程型蒸发器中,物料沿加热管壁成膜状流动,一次通过加热器即达浓缩要求,其停留时间仅为数秒或十几秒。另外,离开加热器的物料又得到及时冷却,因此特别适用于热敏性物料的蒸发。但由于溶液一次通过加热器就要达到浓缩要求,因此对蒸发器的设计和操作的要求较高。由于这类蒸发器加热管上的物料成膜状流动,故单程型蒸发器又称膜式蒸发器。根据物料在蒸发器内的流动方向和成膜原因不同,它可分为下列几种类型。

1. 升膜式蒸发器

升膜式蒸发器如图 3-8 所示,它的加热室由一根或数根垂直长管组成,通常加热管径为 25～50 mm,管长与管径之比为 100～150。该蒸发器中原料液预热后由蒸发器底部进入加热器管内,加热蒸汽在管外冷凝。当原料液受热后沸腾汽化,生成二次蒸汽在管内高速上升,带动料液沿管内壁成膜状向上流动,并不断地蒸发汽化,加速流动。气液混合物进入分离器后分离,浓缩后的完成液由分离器底部放出。

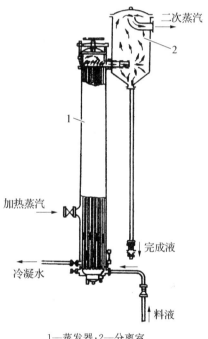

1—蒸发器;2—分离室。

图 3-8 升膜式蒸发器

升膜式蒸发器需要精心设计与操作,即加热管内的二次蒸汽应具有较高速度,并获较高的传热系数,使料液一次通过加热管即达到预定的浓缩要求。通常,常压下,管上端出口处速度保持 20～50 m/s 为宜;减压操作时,速度可达 100～160 m/s。

升膜蒸发器适宜处理蒸发量较大、热敏性、黏度不大、易起沫的溶液,但不适于高黏度、有晶体析出和易结垢的溶液。

2. 降膜式蒸发器

降膜式蒸发器如图 3-9 所示,原料液由加热室顶端加入,经分布器分布后,沿管壁成膜状向下流动,气液混合物由加热管底部排出进入分离室,完成液由分离室底部排出。

设计和操作这种蒸发器的要点是:尽力使料液在加热管内壁形成均匀液膜,并且不能让二次蒸汽由管上端窜出。常用的分离器形式见图 3-9。

图 3-10(a)是用一根带有螺旋形沟槽的导流柱,使流体均匀分布到内管壁上;图 3-10(b)是利用导流杆均匀分布液体,导流杆下部设计成圆锥形,且底部向内凹,以免使锥体斜面下流的液体再向中央聚集;图 3-10(c)是使液体通过齿缝分布到加热器内壁成膜状下流。

降膜式蒸发器可用于蒸发黏度较大(0.05～0.45 Pa·s)、浓度较高的溶液,但不适于处理易结晶和易结垢的溶液,这是因为这种溶液形成均匀液膜较困难,传热系数也不高。

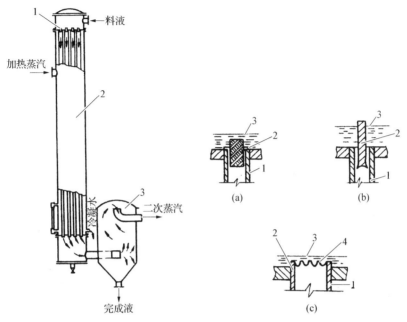

1—分布器;2—蒸发室;3—分离室。

图 3-9　降膜式蒸发器

1—加热器;2—导流管;3—料液面;4—齿缝。

图 3-10　降膜式蒸发器的液体分布装置

3. 刮板式薄膜蒸发器

刮板式薄膜蒸发器如图 3-11 所示,它是一种适应性很强的新型蒸发器,对高黏度、热敏性和易结晶、结垢的物料都适用。它主要由加热夹套和刮板组成,夹套内通加热蒸汽,刮板装在可旋转的轴上,刮板和加热夹套内壁保持很小间隙,通常为 0.5～1.5 mm。料液经预热后由蒸发器上部沿切线方向加入,在重力和旋转刮板的作用下,分布在内壁形成下旋薄膜,并在下降过程中不断被蒸发浓缩,完成液由底部排出,二次蒸汽由顶部逸出。在某些场合下,这种蒸发器可将溶液蒸干,在底部直接得到固体产品。

刮板式薄膜蒸发器的缺点是结构复杂(制造、安装和维修工作量大),加热面积不大,且动力消耗大。

四、蒸发设备的附属装置

蒸发装置的附属设备和机械主要有除沫器、冷凝器和真空泵。

1. 除沫器(汽液分离器)

蒸发操作时产生的二次蒸汽,在分离室与液体分离后,仍

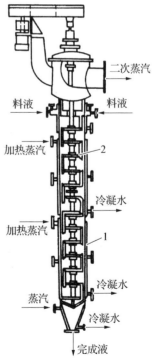

1—夹套;2—刮板。

图 3-11　刮板式薄膜蒸发器

夹带大量液滴,尤其是蒸发易产生泡沫的液体,夹带更为严重。为了防止产品损失或冷却水被污染,常在蒸发器内(或外)设除沫器。图 3-12 为几种除沫器的结构示意图。图中(a)~(d)直接安装在蒸发器顶部,(e)~(g)安装在蒸发器外部。

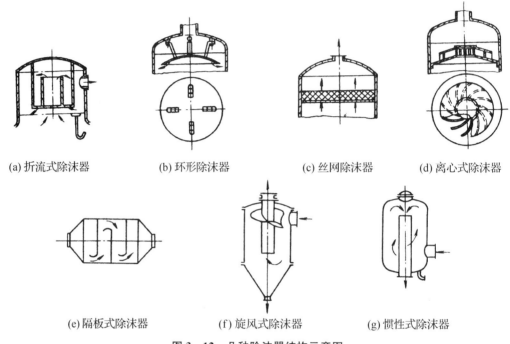

| (a) 折流式除沫器 | (b) 环形除沫器 | (c) 丝网除沫器 | (d) 离心式除沫器 |

| (e)隔板式除沫器 | (f) 旋风式除沫器 | (g) 惯性式除沫器 |

图 3-12   几种除沫器结构示意图

2. 冷凝器

冷凝器的作用是冷凝二次蒸汽。冷凝器有间壁式和直接接触式两种。若二次蒸汽为需回收的有价值物料或会严重污染水源的物料,则应采用间壁式冷凝器,否则通常采用直接接触式冷凝器。直接接触式冷凝器一般在负压下操作,这时为将混合冷凝后的水排出,冷凝器必须设置得足够高。冷凝器底部的长管称为大气腿。

3. 真空装置

当蒸发器在负压下操作时,无论采用哪一种冷凝器,均需在冷凝器后安装真空装置。需要指出的是,蒸发器中的负压主要是由于二次蒸汽冷凝所致,而真空装置仅是抽吸蒸发系统泄漏的空气、物料及冷却水中溶解的不凝性气体和冷却水饱和温度下的水蒸气等,冷凝器后必须安装真空装置才能维持蒸发操作的真空度。常用的真空装置有喷射泵、水环式真空泵、往复式或旋转式真空泵等。

▶ 子任务2   选择蒸发装置 ◀

蒸发器的结构形式较多,选用和设计时,要在满足生产任务要求,保证产品质量的前提下,尽可能兼顾生产能力大、结构简单、维修方便及经济性好等因素。

表 3－1 列出了常见蒸发器的一些重要性能,可供选型参考。

表 3－1 常用蒸发器的性能

蒸发器形式	造价	总传热系数		溶液在管内流速/ (m·s⁻¹)	停留时间	完成液浓度能否恒定	浓缩比	处理量	对溶液性质的适应性					
		稀溶液	高黏度溶液						稀溶液	高黏度	易生泡沫	易结垢	热敏性	有结晶析出
水平管型	最廉	良好	低	—	长	能	良好	一般	适	适	适	不适	不适	不适
标准型	最廉	良好	低	0.1～1.5	长	能	良好	一般	适	适	适	尚适	尚适	稍适
外热式（自然循环）	廉	高	良好	0.4～1.5	较长	能	良好	较大	适	尚适	较好	尚适	尚适	稍适
列文式	高	高	良好	1.5～2.5	较长	能	良好	较大	适	尚适	较好	尚适	尚适	稍适
强制循环	高	高	高	2.0～3.5	—	能	较高	大	适	好	好	适	尚适	适
升膜式	廉	高	良好	0.4～1.0	短	较难	高	大	适	尚适	好	尚适	良好	不适
降膜式	廉	良好	高	0.4～1.0	短	尚能	高	大	较适	好	适	不适	良好	不适
刮板式	最高	高	良好	—	短	尚能	高	较小	较适	好	较好	不适	良好	不适
甩盘式	较高	高	低	—	较段	尚能	较高	较小	适	尚适	适	不适	较好	不适
旋风式	最廉	高	良好	1.5～2.0	短	较难	较高	较小	适	适	适	尚适	尚适	适
板式	高	高	良好	—	较短	尚能	良好	较小	适	尚适	适	不适	尚适	不适
浸没燃烧	廉	高	高	—	短	较难	良好	较大	适	适	适	适	不适	适

任务三　确定蒸发过程工艺参数

单效蒸发设计计算内容有以下几个方面：

（1）确定水的蒸发量。

（2）加热蒸汽消耗量。

（3）蒸发器所需传热面积。

在给定生产任务和操作条件，如进料量、进料温度、进料浓度、完成液的浓度、加热蒸汽的压力和冷凝器操作压力的情况下，上述任务可通过物料衡算、热量衡算和传热速率方程求解。

▶ 子任务 1　确定蒸发强度 ◀

在蒸发操作中，单位时间内从溶液蒸发出来的水量，可通过物料衡算来确定。在连续稳定操作中，单位时间内进入和离开蒸汽发生器的溶质数量相等。对图 3-13 所示蒸发器进行溶质的物料衡算，可得：

$$Fx_0 = (F-W)x_1 = Lx_1 \tag{3-1}$$

由此可得水的蒸发量

$$W = F\left(1 - \frac{x_0}{x_1}\right) \tag{3-2}$$

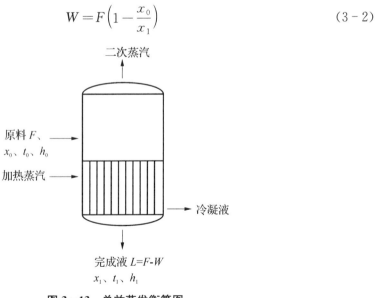

图 3-13　单效蒸发衡算图

完成液的浓度：

$$x_1 = \frac{Fx_0}{F-W} \qquad (3-3)$$

式中：F 为原料液量，单位为 kg/h；W 为蒸发水量，单位为 kg/h；L 为完成液量，单位为 kg/h；x_0 为原料液中溶质的浓度，为质量分数；x_1 为完成液中溶质的浓度，为质量分数。

蒸发器的生产能力仅反映蒸发器生产量的大小，而引入蒸发强度的概念却可反映蒸发器的优劣。

蒸发器的生产强度简称蒸发强度，是指单位时间单位传热面积上所蒸发的水量，即：

$$U = \frac{W}{A} \qquad (3-4)$$

式中：U 为蒸发强度，单位为 kg/(m² · h)。

对于一定的蒸发任务而言，蒸发强度越大，则所需的传热面积越小，即设备的投资越低。若不考虑热损失和浓缩热，料液又为沸点进料，可得：

$$U = \frac{Q}{Ar'} = \frac{K\Delta t_m}{r'} \qquad (3-5)$$

式中：r' 为汽化热，单位为 kJ/kg。

由式（3-5）可知，提高蒸发强度的主要途径是提高总传热系数 K 和传热温度差 Δt_m。

▶ 子任务2　确定加热蒸汽消耗量 ◀

蒸发计算中，加热蒸汽消耗量可以通过热量衡算来确定。单效蒸发做热量衡算时，在稳定连续的蒸发操作中，当加热蒸汽的冷凝液在饱和温度下排出时，单位时间内加热蒸汽提供的热量为：

$$Q = D \cdot R \qquad (3-6)$$

蒸汽所提供的热量主要用于以下三个方面：

（1）将原料从进料温度 t_1 加热到沸点温度 t_f，此项所需要的显热为 Q_1：

$$Q_1 = F \cdot C_1 \cdot (t_f - t_1) \qquad (3-7)$$

（2）在沸点温度 t_f 下使溶剂汽化，其所需要的潜热为 Q_2：

$$Q_2 = W \cdot r \qquad (3-8)$$

（3）补偿蒸发过程中的热量损失 Q_L：

$$Q = Q_1 + Q_2 + Q_L \qquad (3-9)$$

即：

$$D \cdot R = F \cdot C_1 \cdot (t_f - t_1) + W \cdot r + Q_L \qquad (3-10)$$

因此：

$$D = \frac{F \cdot C_1 \cdot (t_f - t_1) + W \cdot r + Q_L}{R} \qquad (3-11)$$

式中：D 为单位时间内加热蒸汽的消耗量，单位为 kg/h；t_f 为操作压力下溶液的平均沸点温度，单位为℃；t_1 为原料液的初始温度，单位为℃；r 为二次蒸汽的汽化潜热，可根据操作压力和操作温度从有关附表中查取，单位为 kJ/kg；R 为加热蒸汽的汽化潜热，单位为 kJ/kg；C_1 为原料液在操作条件下的比热容，单位为 kJ/(kg·K)。其数值随溶液的性质和浓度不同而变化，可由相关手册中查取，在缺少数据时，可按照以下公式估算：

$$C_1 = C_S x + C_W (1 - x) \qquad (3-12)$$

式中：C_S，C_W 分别为溶质、溶液的比热容，单位为 kJ/(kg·K)。

表 3-2 中列举了几种常用无机盐的比热容数据，供使用时参考。

表 3-2　某些无机盐的比热容

物质	CaCl₂	KCl	NH₄Cl	NaCl	KNO₃
比热容/(kJ·kg⁻¹·K⁻¹)	0.687	0.679	1.52	0.838	0.926
物质	NaNO₃	Na₂CO₃	(NH₃)₂SO₄	糖	甘油
比热容/(kJ·kg⁻¹·K⁻¹)	1.09	1.09	1.42	1.295	2.42

当溶液为稀溶液时（浓度在 20% 以下），比热容可近似地按照式（3-13）估算：

$$C_1 = C_W (1 - x) \qquad (3-13)$$

▶ 子任务3　确定传热面积 ◀

蒸发器的传热面积可通过传热速率方程求得，即：

$$Q = K \cdot A \cdot \Delta t_m \qquad (3-14)$$

或

$$A = \frac{Q}{K \Delta t_m} \qquad (3-15)$$

式中：A 为蒸发器的传热面积，单位为 m²；K 为蒸发器的总传热系数，单位为 W/(m²·K)；Δt_m 为传热平均温度差，单位为℃；Q 为蒸发器的热负荷，单位为 W 或 kJ/kg，Q 可通过对加热室做热量衡算求得。若忽略热损失，Q 即为加热蒸汽冷凝放出的热量，即：

$$Q = D(H - h_c) = Dr \qquad (3-16)$$

但在确定 Δt_m 和 K 时，却有别于一般换热器的计算方法。

一、平均温度差 Δt_m 的确定

在蒸发操作中，蒸发器加热室一侧是蒸汽冷凝，另一侧为液体沸腾，因此其传热平均

温度差应为：

$$\Delta t_{\mathrm{m}} = T - t_1 \tag{3-17}$$

式中：T 为加热蒸汽的温度，单位为 ℃；t_1 为操作条件下溶液的沸点，单位为 ℃。

应该指出，溶液的沸点不仅受蒸发器内液面压力影响，而且受溶液浓度、液位深度等因素影响。因此，在计算 Δt_{m} 时需考虑下列因素。

1. 溶液浓度的影响

溶液中有溶质存在，因此其蒸汽压比纯水的低。换言之，一定压强下水溶液的沸点比纯水高，它们的差值称为溶液的沸点升高，以 Δ' 表示。影响 Δ' 的主要因素为溶液的性质及其浓度。一般，有机物溶液的 Δ' 较小；无机物溶液的 Δ' 较大；稀溶液的 Δ' 不大，但随浓度增大，Δ' 值增大较多。例如，7.4% 的 NaOH 溶液在 101.33 kPa 下沸点为 102 ℃，Δ' 仅为 2 ℃，而 48.3% 的 NaOH 溶液，其沸点为 140 ℃，Δ' 值可达 40 ℃。

各种溶液的沸点由实验确定，也可由手册或本书附录查取。

2. 压强的影响

当蒸发操作在加压或减压条件下进行时，若缺乏实验数据，则可按式（3-18）估算 Δ'，即：

$$\Delta' = f \Delta'_{\text{常}} \tag{3-18}$$

式中：Δ' 为操作条件下的溶液沸点升高，单位为 ℃；$\Delta'_{\text{常}}$ 为常压下的溶液沸点升高，单位为 ℃；f 为校正系数，无因次，其值可由式（3-19）计算：

$$f = 0.016\,2\,\frac{(T' + 273)^2}{r'} \tag{3-19}$$

式中：T' 为操作压力下二次蒸汽的饱和温度，单位为 ℃；r' 为操作压力下二次蒸汽的汽化潜热，单位为 kJ/kg。

3. 液柱静压头的影响

通常，蒸发器操作需维持一定液位，使得液面下的压力比液面上的压力（分离室中的压力）高，即液面下的沸点比液面上的高，二者之差称为液柱静压头引起的温度差损失，以 Δ'' 表示。为简便，以液层中部（料液一半）处的压力进行计算。根据流体静力学方程式，液层中部的压力 p_{av} 为：

$$p_{\mathrm{av}} = p' + \frac{\rho_{\mathrm{av}} \cdot g \cdot h}{2} \tag{3-20}$$

式中：p' 为溶液表面的压力，即蒸发器分离室的压力，单位为 Pa；ρ_{av} 为溶液的平均密度，单位为 kg/m³；h 为液层高度，单位为 m。

则由液柱静压引起的沸点升高 Δ'' 为：

$$\Delta'' = t_{\mathrm{av}} - t_{\mathrm{b}} \tag{3-21}$$

式中：t_{av} 为液层中部 p_{av} 压力下溶液的沸点，单位为 ℃；t_b 为 p' 压力（分离室压力）下溶液的沸点，单位为 ℃。

近似计算时，式（3-21）中的 t_{av} 和 t_b 可分别用相应压力下水的沸点代替。

4. 管道阻力的影响

倘若设计计算中温度以另一侧的冷凝器的压力（即饱和温度）为基准，则还需考虑二次蒸汽从分离室到冷凝器之间的压降所造成的温度差损失，以 Δ''' 表示。显然，Δ''' 值与二次蒸汽的速度、管道尺寸以及除沫器的阻力有关。由于此值难以计算，一般取经验值为 1℃，即 $\Delta'''=1℃$。

考虑了上述因素后，操作条件下溶液的沸点 t_1，即可用式（3-22）求取：

$$t_1 = t'_c + \Delta' + \Delta'' + \Delta''' \tag{3-22}$$

或

$$t = t'_c + \Delta \tag{3-23}$$

式中：t'_c 为冷凝器操作压力下的饱和水蒸气温度，单位为 ℃；$\Delta = \Delta' + \Delta'' + \Delta'''$，$\Delta$ 为总温度差损失，单位为 ℃。

蒸发计算中，通常把平均温度差称为有效温度差，而把 $t-t'_c$ 称为理论温差，即认为是蒸发器蒸发纯水时的温差。

二、总传热系数 K 的确定

蒸发器的总传热系数可按式（3-24）计算：

$$K = \cfrac{1}{\cfrac{1}{\alpha_i} + R_i + \cfrac{b}{\lambda} + R_o + \cfrac{1}{\alpha_o}} \tag{3-24}$$

式中：α_i 为管内溶液沸腾的对流传热系数，单位为 W/(m²·℃)；α_o 为管外蒸汽冷凝的对流传热系数，单位为 W/(m²·℃)；R_i 为管内污垢热阻，单位为 m²·℃/W；R_o 为管外污垢热阻，单位为 m²·℃/W；$\dfrac{b}{\lambda}$ 为管壁热阻，单位为 m²·℃/W。

式中 α_o、R_o 及 b/λ 在传热一章中均已阐述，本章不再赘述。只是 R_i 和 α_i 成为蒸发设计计算和操作中的主要问题。由于蒸发过程中，加热表面处溶液中的水分汽化，浓度上升，因此溶液很易超过饱和状态，溶质析出并包裹固体杂质，附着于表面，形成污垢，所以 R_i 往往是蒸发器总热阻的主要部分。为降低污垢热阻，工程中常采用的措施有：加快溶液循环速度，在溶液中加入晶种和微量的阻垢剂等。设计时，污垢热阻 R_i 目前仍需根据经验数据确定。此外，管内溶液沸腾对流传热系数 α_i 也是影响总传热系数的主要因素。影响 α_i 的因素很多，如溶液的性质，沸腾传热的状况，操作条件和蒸发器的结构等。目前虽然对管内沸腾做过不少研究，但其所推荐的经验关联式并不大可靠，再加上管内污垢热阻变化较大，因此，目前蒸发器的总传热系数仍主要靠现场实测，以作为设计计算的依据。表 3-3 中列出了常用蒸发器总传热系数的大致范围，供设计计算参考。

表 3 - 3　常用蒸发器总传热系数 K 的经验值

蒸发器形式	总传热系数/$(W \cdot m^{-2} \cdot K^{-1})$
中央循环管式	580～3 000
带搅拌的中央循环管式	1 200～5 800
悬筐式	580～3 500
自然循环	1 000～3 000
强制循环	1 200～3 000
升膜式	580～5 800
降膜式	1 200～3 500
刮膜式，黏度 1 mPa·s	2 000
刮膜式，黏度 100～10 000 mPa·s	200～1 200

▶ 子任务 4　强化蒸发过程 ◀

一、提高传热温度差

提高传热温度差可从提高热源的温度或降低溶液的沸点等角度考虑,工程上通常采用下列措施来实现。

1. 真空蒸发

真空蒸发可以降低溶液沸点,增大传热推动力,提高蒸发器的生产强度,同时由于沸点较低,可减少或防止热敏性物料的分解。另外,真空蒸发可降低对加热热源的要求,即可利用低温位的水蒸气作热源。但是,应该指出,溶液沸点降低,其黏度会增高,并使总传热系数 K 下降。同时,真空蒸发要增加真空设备并增加动力消耗。图 3 - 2 即为典型的单效真空蒸发流程。其中真空泵主要是用于抽吸设备、管道等接口处泄漏的空气及物料中溶解的不凝性气体等。

2. 高温热源

提高 Δt_m 的另一个措施是提高加热蒸汽的压力,但这就对蒸发器的设计和操作提出了严格要求。一般加热蒸汽压力不超过 0.6 MPa～0.8 MPa。对于某些物料如果加压蒸汽仍不能满足要求,则可选用高温导热油、熔盐或改用电加热,以增大传热推动力。

二、提高总传热系数

蒸发器的总传热系数主要取决于溶液的性质、沸腾状况、操作条件以及蒸发器的结构等。这些已在前面论述,因此,合理设计蒸发器以实现良好的溶液循环流动,及时排除加热室中不凝性气体,定期清洗蒸发器(加热室内管),均是提高和保持蒸发器在高强度下操作的重要措施。蒸汽中含有 1% 不凝性气体,传热总系数下降 60%,所以在操作中,必须密切注意和及时排出不凝性气体。

三、合理选择蒸发器

蒸发器的选择应考虑蒸发溶液的性质，如溶液的黏度、发泡性、腐蚀性、热敏性，以及是否容易结垢、结晶等。如热敏性的食品物料蒸发，由于物料所承受的最高温度有一定极限，因此应尽量降低溶液在蒸发器中的沸点，缩短物料在蒸发器中的滞留时间，此时可选用膜式蒸发器。对于腐蚀性溶液的蒸发，蒸发器的材料应耐腐蚀。

四、提高传热量

要提高蒸发器的传热量，必须增加它的传热面积。在操作中，应密切注意蒸发器内液面高低。如在膜式蒸发器中，液面应维持在管长的 0.2～0.25 处，才能保证正常的操作。在自然循环式蒸发器中，液面在管长 0.3～0.5 处时，溶液循环良好，这时汽液混合物从加热管顶端涌出，达到循环的目的。液面过高，加热管下部所受的静压强过大，则溶液达不到沸腾；液面过低则不能造成溶液循环。

任务四　操作蒸发装置

本任务中,需要按照生产工艺和设备操作规程的要求,完成设备的操作、设备故障与处理等。

▶ 子任务 1　完成蒸发装置开停车 ◀

一、泵类检查

1. 油位:确认浓缩循环泵、原料泵油位在视镜的 1/2～2/3 处,油量太少会增加磨损;太多则易泄漏,不易散热。

2. 运转:点动启动各泵运转正常,无震动无杂音。

3. 接地线:确认接地连接完好,接地无断开、虚接等现象为完好。

4. 密封水:确认浓缩循环泵的密封水阀门打开,水流畅通。

5. 阀门:确认各泵进出口阀、排污阀全部关闭。

二、浮渣收集槽检查

1. 槽体:确认浮渣收集槽内无杂物、清洁。

2. 阀门:确认浮渣收集槽的出料阀、进气阀关闭,蒸汽冷凝液排出管道上疏水阀前后的阀门打开,旁通阀关闭。

三、蒸发器检查

1. 阀门:确认蒸发器的不凝气排气阀打开 1/2,排污阀关闭。排气阀主要是排除不凝气体,开度小不易排出,开度大影响蒸发效率。排液阀主要排放物料用。

2. 蒸发器冷凝液排出管道上疏水阀前后的阀打开,旁通阀关闭。蒸发器的进气管道上气动阀关闭,其前后的手动阀门打开,旁路阀关闭,蒸发器的清洗水阀门关闭。

3. 仪表检查:确认蒸发器上的现场显示仪表和远程控制仪表完好准确,在校验的有效期内。

4. 液位计:确认蒸发器上的液位计显示完好。

5. 换热器检查:确认溶液蒸发预热器的排污阀、排空阀全关闭。

四、开车操作

1. 进料:当原料槽液位达到 50% 时打开槽的出口阀门和输送泵的进口阀门,启动输送泵,缓慢打开泵出口阀门给蒸发器进料,控制物料液位不得超过液位计的 2/3 处。

2. 开蒸汽:当开始给蒸发器进料时,打开蒸汽进气阀门进行加温,调节蒸汽阀门控制蒸汽压力,注意开蒸汽要缓慢,如果压力低会影响蒸发效率,压力高容易造成设备损坏。当不凝气排出管有较浓的蒸汽排出时,关闭不凝气排放阀门。

3. 启动循环泵:当开始给蒸发器进汽时,打开循环泵进口阀门,启动泵打开出口阀门。

4. 检测物料浓度、出料:打开蒸发器出料管上的取样阀门,取样化验物料浓度,当其浓度到达标准时打开出料阀门,将料液排进物料浮渣收集槽内。

5. 收集槽出料:当收集槽开始进料时,打开蒸汽进气阀门后,打开出料阀门,将物料排进包装桶内进行包装。

6. 调整进料量:根据蒸发器的物料液位和出料量情况,适当调节进料量,使得效体内的液位保持平稳。

五、停车操作

1. 停蒸汽:关闭蒸发器的进气阀。

2. 停止进料:关闭进料泵的出口阀,停泵关闭进口阀,关闭储槽的出料阀,当出料浓度低于 40% 时,关闭蒸发器的出料阀。

3. 停循环泵:当蒸发器的温度降到 60℃ 时,关闭循环泵出口阀门,停循环泵,关进口阀门,停泵后关闭密封水阀门。

4. 停收集槽:当收集槽出料口无物料流出时关闭蒸汽阀门,关闭槽出口阀门。

5. 排料、排气:打开循环泵进料管处的排料阀,利用一次滤液输送泵将效体内的剩余料液反抽到一次滤液槽内,打开蒸发器、蒸发预热器上的排气阀把设备内的压力排掉。

六、运转操作程序

1. 压力、温度、液位检查:巡回检查各效的蒸发压力、温度、液位在控制范围内,每隔 2 小时分别排放一次效体的不凝气,每次排放时间约 1 分钟。

2. 浓度检查:随时测量出料浓度。

3. 设备检查:巡回检查循环泵、氯化钙溶液泵的油位、密封水、运转情况,及效体的运行状况。

▶ 子任务 2　分析与处理蒸发操作故障 ◀

蒸发系统的操作是在高温、高压蒸汽加热下进行,所以要求设备和管路具有良好的外部保温和隔热措施,杜绝"跑冒滴漏"现象,防止高温蒸汽外泄,发生烫伤事故。对于腐蚀性物料的蒸发,要避免接触皮肤和眼睛,避免造成身体损害。

对于蒸发易结晶的溶液,常会随着物料浓度增加而出现结晶从而造成管路、阀门等堵塞,使得物料不能流通,影响蒸发操作的正常运行。一旦发生堵塞现象,需要用加压水冲洗,或采用真空抽吸补救。

蒸发操作异常情况及处理方法见表 3-4。

表 3-4　蒸发操作异常情况及处理方法

异常情况	原因分析	处理方式
突然停水	电器故障	立即停泵、停蒸汽,进行全部停车处理
突然停电	电器故障	立即关闭蒸汽,进行全部停车处理
蒸发器内结垢	物料浓度温度高,操作错误	停车清洗
蒸发速率低	1. 蒸汽压力低或不稳 2. 装置中的颗粒未除尽造成部分换热器堵塞 3. 加热器排料和排气不充分	1. 调节蒸发器的参数至正常 2. 充分清洗蒸发器 3. 适当增加排料和排气时间
蒸发浓度上升慢	1. 预热温度低 2. 加热室结垢 3. 蒸发器加热室积水 4. 加热室存在不凝性气体 5. 蒸发器液面过高	1. 检查调整预热器 2. 清洗蒸发器 3. 排出积水 4. 排出不凝性气体 5. 调节液面
真空蒸发过程中真空度低	1. 真空系统漏气 2. 真空管路或蒸发器冒罩堵塞不畅 3. 上水流量过小或上水温度高 4. 下水管结垢或堵塞 5. 喷嘴堵塞 6. 加热室漏液	1. 检查补漏 2. 检查后冲洗 3. 加大水量,改善水质 4. 换下水管 5. 停车处理 6. 停车维修
蒸发器振荡	1. 液面高时仍在补充料液 2. 开车时蒸汽阀开度大	1. 降低液面 2. 开车时缓慢开启阀门
蒸发器液面沸腾不均匀	1. 加热室内有空气 2. 部分加热管堵塞 3. 加热管泄露	1. 排放不凝气 2. 洗罐检查 3. 停车检修
多效蒸发中第一效蒸发器二次蒸汽压力升高	1. 生蒸汽压力高 2. 第一效加热室结垢 3. 加热室积水 4. 第一效脱料	1. 降低压力 2. 洗罐 3. 排除积水 4. 补充料液
多效蒸发中第二效蒸发器二次蒸汽压力升高	1. 第二效加热室有不凝气 2. 第二效蒸发器加热室结垢 3. 第二效脱料 4. 第二效浓度过高 5. 蒸汽漏入加热室	1. 排不凝气 2. 洗罐 3. 补充料液 4. 出料,调节浓度 5. 出料,停车检查

自测练习

一、填空题

1. 多效蒸发操作流程有_____、_____和_____。

2. 蒸发器的生产强度是指_____。欲提高蒸发器的生产强度,必须设法提高_____。

3. 蒸发过程中引起温度差损失的原因有(1)_____,(2)_____,(3)_____。

4. 多效蒸发与单效蒸发相比,其优点是_____。

5. 循环型蒸发器的传热效果比单程型的效果要_____。

6. 要想提高生蒸汽的经济性,可以_____,_____,_____,_____。

7. 计算温度差损失时以_____计算。

8. 蒸发器的蒸发能力越大,则蒸发强度越_____。

9. 蒸发所用的蒸发器由_____和_____两个基本部分组成。

10. 蒸发分为单效蒸发和多效蒸发两种,工业生产中普遍采用的是_____。

二、选择题

1. 下列说法错误的是 （ ）

A. 多效蒸发时,后一效的压力一定比前一效的低

B. 多效蒸发时效数越多,单位蒸汽消耗量越少

C. 多效蒸发时效数越多越好

D. 大规模连续生产场合均采用多效蒸发

2. 多效蒸发流程中不宜处理黏度随浓度的增加而迅速增大的溶液的是 （ ）

A. 顺流加料　　　 B. 逆流加料　　　 C. 平流加料　　　 D. 错流加料

3. 多效蒸发流程中主要用于蒸发过程中有晶体析出场合的是 （ ）

A. 顺流加料　　　 B. 逆流加料　　　 C. 平流加料　　　 D. 错流加料

4. 将加热室安装在蒸发室外面的是____蒸发器。 （ ）

A. 中央循环管式　 B. 悬筐式　　　 C. 列文式　　　　 D. 强制循环式

5. 膜式蒸发器中,适用于易结晶、结垢物料的是 （ ）

A. 升膜式　　　　 B. 降膜式　　　 C. 升降膜式　　　 D. 回转式

6. 下列结构最简单的是____蒸发器。 （ ）

A. 标准式　　　　 B. 悬筐式　　　 C. 列文式　　　　 D. 强制循环式

7. 下列说法中正确的是 （ ）

A. 单效蒸发比多效蒸发应用广　　 B. 减压蒸发可减少设备费用

C. 二次蒸汽即第二效蒸发的蒸汽　 D. 用多效蒸发是为降低单位蒸汽消耗量

8. 在多效蒸发的三种流程中 （ ）

A. 加热蒸汽流向不相同

B. 后一效的压力不一定比前一效低

C. 逆流进料能处理黏度随浓度的增加而迅速加大的溶液

D. 同一效中加热蒸汽的压力可能低于二次蒸汽的压力

9. 热敏性物料宜采用____蒸发器。 （ ）

A. 自然循环式　　 B. 强制循环式　　 C. 膜式　　　　　 D. 都可以

10. 蒸发操作中,下列措施中不能显著提高传热系数 K 的是 （ ）

A. 及时排除加热蒸汽中的不凝性气体

B. 定期清洗除垢

C. 提高加热蒸汽的湍流速度

D. 提高溶液的速度和湍流程度

11. 下列蒸发器中溶液循环速度最快的是____蒸发器。 （ ）

A. 标准式　　　　B. 悬筐式　　　　C. 列文式　　　　D. 强制循环式

12. 为蒸发某种黏度随浓度和温度变化较大的溶液,应采用_____流程。 （ ）

A. 平流加料　　　　　　　　　　B. 并流加料

C. 逆流加料　　　　　　　　　　D. 双效三体并流加料

三、判断题

1. 多效蒸发的目的是提高产量。 （ ）

2. 蒸发生产的目的,一是浓缩溶液,二是除去结晶盐。 （ ）

3. 溶液在自然蒸发器中的循环方向是:在加热室列管中下降,而在循环管中上升。

（ ）

4. 在标准蒸发器加热室中,管程通蒸汽,壳程通溶液。 （ ）

5. 对蒸发装置而言,加热蒸汽压力越高越好。 （ ）

6. 蒸发的效数是指蒸发装置中蒸发器的个数。 （ ）

7. 对强制循环蒸发器来说,由于利用外部动力来克服循环阻力而形成循环的推动力大,故循环速度可达 $2\sim3$ m/s。 （ ）

8. 蒸发的效数是指蒸汽利用的次数。 （ ）

9. 蒸发器的有效温度差是指加热蒸汽的温度与被加热溶液的沸点温度之差。

（ ）

10. 蒸发过程中,加热蒸汽所提供的热量主要消耗于原料液的预热、水的蒸发、设备的热损失。 （ ）

四、问答题

1. 简述单效蒸发工艺流程?

2. 简述单效蒸发和多效蒸发的区别?

3. 多效蒸发常用的流程有哪几种? 它们各适用于什么场合?

4. 溶液的哪些性质对确定多效蒸发的效数有影响? 请简略分析。

5. 简述逆流多效蒸发工艺流程及其优缺点。

五、计算题

1. 用一单效蒸发器将 1 500 kg/h 的水溶液由 5% 浓缩至 25%(均为质量分数)。加热蒸汽压力为 190 kPa,蒸发压力为 30 kPa(均为绝压)。蒸发器内溶液沸点为 78℃,蒸发器的总传热系数为 1 450 W/(m^2·℃)。沸点进料,热损失不计。试求:

(1) 完成液量;(2) 加热蒸汽消耗量;(3) 传热面积。

2. 浓度为 2.0%(质量分数)的盐溶液,在 28℃ 下连续进入一单效蒸发器中被浓缩至质量分数为3.0%。蒸发器的传热面积为 69.7 m^2,加热蒸汽为 110℃饱和蒸汽。加料量为 4 500 kg/h,料液的比热 $C_p=4$ 100 J/(kg·℃)。因为溶液为稀溶液,沸点升高可以忽略,操作在 1.013×10^5 Pa 下进行。

(1) 计算蒸发的水量及蒸发器的传热系数。

(2) 在上述蒸发器中,将加料量提高至 6 800 kg/h,其他操作条件(加热蒸汽及进料温度、进料浓度、操作压强)不变时,可将溶液浓缩至多少浓度?

3. 用一并流操作的三效蒸发器浓缩水溶液,加热蒸汽为 121℃饱和蒸汽,末效蒸发室的操作压强为 26.1 kPa(绝压)。原料预热至沸点加入第一效内,料液的浓度很低,沸点升高可以不计。各效蒸发器的传热系数为 $K_1 = 2\,840$ W/(m² · K);$K_2 = 1\,990$ W/(m² · K);$K_3 = 1\,420$ W/(m² · K)。各效传热面相等,试做某些简化假定以估计各效溶液的沸点。

4. 在传热面积为 50 m² 的蒸发器内将 18% 的水和盐的溶液浓缩至 38%。原料液的流量为 4 000 kg/h,比热为 3.8 kJ/(kg · ℃),温度为 20℃。蒸发室的温度为 60℃,汽化潜热为 2 355 kJ/kg。生蒸汽的温度为 110℃,汽化潜热为 2 232 kJ/kg,$D = 2\,600$ kg/h。

试求:(1) 溶液的沸点升高;(2) 蒸发器的总传热系数。计算时忽略热损失。

5. 双效并流加料蒸发装置中,第一效浓缩液浓度为 16%,流量为 500 kg/h,汽化潜热为 2 238 kJ/kg,温度为 108℃;第二效完成液浓度为 32%,汽化潜热为 2 268 kJ/kg,温度为 90℃。进入第二效溶液的比热为 3.52 kJ/(kg · ℃)。忽略热损失、沸点升高及浓缩热。试求:F_0 和 x_0。

6. 在三效蒸发器内浓缩某液体,可忽略沸点升高。进入第一效的蒸汽温度为 130℃,最后一效溶液的沸点为 51.7℃。各效的总传热系数分别为 2 800 W/(m² · ℃)、2 200 W/(m² · ℃)、1 100 W/(m² · ℃)。

试确定第一、二效中溶液的沸点。

结晶即固体物质以晶体状态从蒸汽、溶液或熔融物中析出的过程。由于结晶过程能够有效去除体系中的其他杂质且整个过程能耗小,对环境友好,形成的固体产品有着特定的晶体结构和形态,性质较稳定,所以在工业生产中,结晶技术扮演着重要的角色,尤其在化学、制药、食品和石化等行业中。

在化学工业中,工业结晶技术被广泛应用于无机盐、有机化学品、高分子材料等产品的生产中。例如,通过结晶技术可以制备出高纯度的无机盐,如硫酸钠、氯化钾等,可为其他工业生产提供原材料。

制药工业是工业结晶技术的重要应用领域之一。在药物生产过程中,结晶技术被用于分离、纯化和制备药物活性成分。通过精确控制结晶条件,可以获得高质量的药物晶体,从而提高药物的疗效和安全性。

食品工业中,工业结晶技术主要用于食品添加剂、调味品等产品的生产。例如,通过结晶技术可以生产出高纯度的蔗糖、味精等食品添加剂,用于提高食品的口感和品质。

在石化工业中,工业结晶技术被用于分离和纯化石油、天然气中的各种组分。通过结晶技术,可以得到高品质的石油化工产品,如润滑油、燃料油等。

因此要保证高纯度产品质量,离不开成熟的工业结晶技术。

教学目标

知识目标

1. 了解结晶过程案例。

2. 了解结晶操作分离。

3. 理解结晶操作特点。

4. 掌握结晶操作在化工生产中的应用。

技能目标

1. 能对结晶操作进行分类。

2. 能归纳总结结晶操作特点。

3. 会分析、判断和处理结晶设备出现的异常故障。

素质目标

1. 培养敬业爱岗、服从安排、吃苦耐劳、严格遵守操作规程的职业道德。

2. 树立工程技术观念,养成理论联系实际的思维方式。

3. 培养立足一线、专业素质过硬、动手能力较强的技能型人才。

任务导入

　　晶体是具有一定几何晶形、一定颜色的固体。结晶是固体物质以晶体状态自溶液中、蒸汽中或从熔融物中析出的过程,在工业生产中主要用于实现混合物的分离。结晶是一个重要的化工单元操作,有着广泛的用途,如糖、盐、染料及其中间体、肥料及药品、味精、蛋白质等的分离与提纯均需要采用结晶操作。归纳起来,结晶操作主要用于以下两方面。

　　(1) 制备产品与中间产品

　　结晶产品易于包装、运输、贮存和使用,因此许多工业产品特别是化工产品常以晶体形态存在,其生产需采用结晶操作完成,如盐、糖的制备等。

　　(2) 获得高纯度的纯净固体物料

　　由于晶体形成过程中的排他性,即使原溶液中含有杂质,经过结晶所得的晶体产品也能达到相当高的纯净度,故结晶是获得纯净固体物质的重要方法之一,如柠檬酸钠的结晶纯化等。

任务一　认识结晶操作

一、结晶操作在工业上的应用

1. 防老剂 4010 的生产

防老剂 4010，化学名称为 N-环己基-N'-苯基对苯二胺，为高效防老剂，用于汽车的外胎、电缆等天然橡胶和合成橡胶制品。防老剂 4010 的生产流程如图 4-1 所示。操作时先将规定量的 4-氨基二苯胺和环己酮加入配制釜内，搅拌升温，当温度达 110℃时开始脱去部分水，然后打入缩合釜中，进一步升温到 150℃～180℃继续脱水，直至缩合反应结束，冷却物料，送至还原釜。当温度降至 90℃时，滴加甲酸进行还原，还原结束后，将物料抽进含有溶剂——汽油的结晶釜中，进行冷却结晶，待结晶完毕，放料进行吸滤、洗涤、抽干后，湿料再送去干燥、粉碎，即得成品。

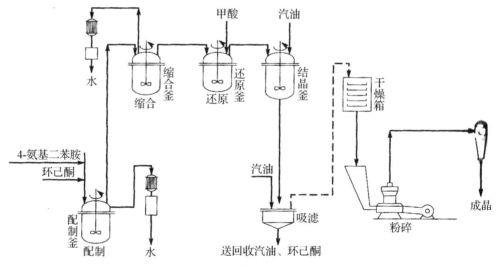

图 4-1　防老剂 4010 的生产流程

2. 联合制碱法生产氯化铵

联合制碱法生产氯化铵的工艺流程如图 4-2 所示。从制碱过程得到的母液经吸氨成为氨母液Ⅰ，进入冷析结晶器的中央循环管，冷析结晶器的母液由冷析轴流泵送入外冷器，与低温卤水换热降温，氯化铵由氨母液Ⅰ中结晶析出，形成晶浆，上部清液（半母液Ⅱ）溢流进入盐析结晶器的中央循环管，加入洗盐和母液Ⅱ，氯化铵结晶析出，上部清液流入母液Ⅱ桶，冷析与盐析结晶器的晶浆分别取出，进入稠厚器分离，稠厚的晶浆用滤铵机分离,固体氯化铵用皮带输送至干铵炉干燥得到产品。

3. 煤化工中高含盐废水零排放结晶技术的应用

高含盐废水是指溶解性总固体（total dissolved solids，TDS）质量浓度大于 10 000 mg/L 的废水，主要来源于煤化工/煤炭、电力、电子、石油化工等行业生产过程中的煤气洗涤废水、循环水系统排水、除盐水系统排水、回用系统浓水、脱硫废水等，具有含盐量高、硬度和二氧化硅浓度高、成分复杂、难降解等特点。目前，通常采用"预处理—膜分离浓缩—蒸发/冷冻结晶"的组合工艺对高含盐废水进行处理，其副产物氯化钠和无水硫酸钠可回收利用，从而实现高含盐废水的分盐零排放目标。在高含盐废水零排放技术中，分盐和结晶过程是控制的核心和难点。具体处理路线如图 4-3 所示。

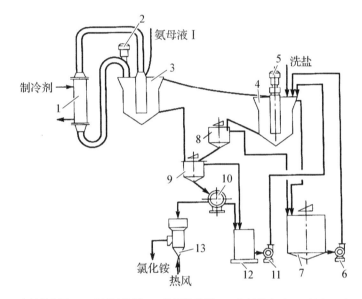

1—外冷器；2—冷析轴流泵；3—冷析结晶器；4—盐析结晶器；5—盐析轴流泵；6—母液Ⅱ泵；7—母液Ⅱ桶；
8—盐析稠厚器；9—混合稠厚器；10—滤铵机；11—滤液泵；12—滤液桶；13—干铵炉。

图 4-2 联合制碱法生产氯化铵的工艺流程

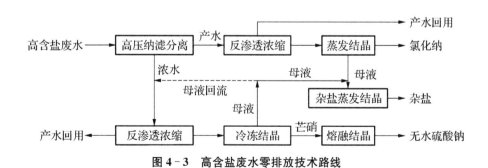

图 4-3 高含盐废水零排放技术路线

二、结晶过程分类

结晶过程可根据析出固体的原因不同,分为溶液结晶、熔融结晶、升华结晶和沉淀结晶。此外,根据操作连续与否,可将结晶过程分为间歇式和连续式;根据有无搅拌分为搅拌式和无搅拌式等。以下主要根据析出固体的原因不同进行分类。

1. 溶液结晶

工业上使用最广泛的结晶过程是溶液结晶,即采用降温或浓缩的方法使溶液达到过饱和状态,析出溶质,以大规模制取固体产品。具体生产结晶的方法有以下三种。

(1) 蒸发结晶

将溶液在常压(沸点温度下)或减压下(低于沸点温度)蒸发浓缩,使溶液达到饱和而结晶,称为蒸发结晶。蒸发结晶常用于溶解度变化不大的物质,如盐田晒盐(氯化钠)。蒸发结晶能耗大,且加热表面的结垢问题会使操作过程遇到困难。

(2) 冷却结晶

通过降低溶液温度,使溶液达到饱和产生结晶,称为冷却结晶。此法用于溶解度随温度下降而显著减少的盐类结晶操作,如硝酸铵、硝酸钾、氯化铵、磷酸钠、芒硝等。

(3) 真空结晶

真空结晶是使热溶液在真空状态下绝热蒸发而结晶的过程。该过程中蒸发除去了一部分溶剂,使部分热量以汽化热形式被带走,降低溶液温度。真空结晶的实质是同时利用冷却和蒸发结晶的方法,使溶液到达过饱和而结晶,适用于中等溶解度的盐类结晶,如硫酸铵、氯化钾等。该法设备简单、操作稳定,最突出的优势是结晶器内无换热面,不存在晶垢妨碍传热问题,设备腐蚀问题好解决,劳动条件好,生产率高,因此是大规模生产中优先考虑的结晶方法。

2. 熔融结晶

熔融结晶是在接近析出物熔点温度下,从熔融液体中析出组成不同于原混合物的晶体操作。其过程原理和精馏中因部分冷凝而形成组成不同于原混合物液相的过程原理类似。熔融结晶主要用于有机物的提纯、分离,以获得高纯度产品。熔融结晶这种低碳、绿色、关键技术在行业中有着极为广泛的应用前景,涵盖了电子化学品、石油化学品、生物化学品、精细化学品、新材料等领域。

3. 升华结晶

将升华之后的气态物质冷凝以得到结晶的固体产品的方法称为升华结晶。其适用于含量要求较高的产品,如碘、萘、蒽醌、氯化铁、水杨酸等都是通过这一方法生产的。

4. 沉淀结晶

沉淀结晶包括反应沉淀结晶和盐析结晶两个过程。

(1) 反应沉淀结晶

反应沉淀结晶是液相中化学反应生成产物以晶体或无定形物析出的过程。例如,用硫酸吸收焦炉煤气中氨生成硫酸铵等,即为反应沉淀结晶。

（2）盐析结晶

将某种盐或其他物质加入溶液中，使原有溶质的溶解度减小而造成过饱和的方法称为盐析结晶。所加入的物质称为稀释剂，它可以是固体、液体或气体，但加入的物质要能与原溶液互溶，又不能溶解要结晶的物质，且和原溶剂要易于分离。例如，联合制碱法生产中加入氯化钠使氯化铵析出，即为盐析结晶。

三、结晶操作的特点

与其他单元操作相比，结晶操作的特点主要有以下四个方面。

1. 易分离性。通过结晶过程，能从杂质含量相当多的溶液或多组分的熔融混合物中，分离出高纯和超纯的晶体；对于许多难分离的混合物系，如高熔点混合物、共沸物、热敏性物系等，结晶方法比其他分离方法的分离效果更好。

2. 结晶操作制得的固体产品有特定的晶体结构和形态（如晶形、粒度分布等）。

3. 结晶是固液体系，分离系数高，晶体生长过程中因为过冷或过饱和形成的杂质晶胞，除晶体表面杂质黏附因素以外，只需一次结晶就可以获得超纯物质。结晶的相变潜热是结晶热，其只有精馏的汽化潜热的 1/7 到 1/3。理论上，相同产品纯度的分离，结晶操作的能耗只有精馏操作的 1/7 到 1/3。由于结晶热一般约为汽化热的 1/3～1/7，因此结晶过程的能耗较低，操作温度低，对设备材质要求不高，一般很少有"三废"排放，有利于环保。从传质速率和分离性对比上看，在实际生产过程当中，结晶操作的公用工程、工艺条件要求、操作要求更低，过程稳态控制。

4. 结晶产品包装、运输、储存或使用都很方便。

但是，结晶是个放热过程，在结晶温度较低时，常需较多的冷冻量以移走结晶热。而且多数结晶过程产生的晶浆需用固液分离以除去母液，并将晶体洗涤，才获得较纯的固体产品。因此，当混合物可以用精馏等方法加以分离时，应做经济比较，以选择合适的分离方法。

任务二 选择结晶设备

子任务1 认识结晶设备

一、结晶设备的类型

1. 按溶液获得饱和状态的方法的不同,可将结晶器分为冷却结晶器和蒸发结晶器。

2. 按流动方式的不同,可将结晶器分为混浆式结晶器和分级式结晶器、母液循环型结晶器和晶浆循环型结晶器。

3. 按有无搅拌,可将结晶器分为搅拌式结晶器和无搅拌式结晶器。现有结晶设备通常都装有搅拌器,搅拌会使晶体颗粒保持悬浮和均匀分布于溶液中,同时又能提高溶质扩散速度,以加速晶体长大。

4. 按结晶过程运转情况的不同,可将结晶器分为间歇式结晶设备和连续结晶设备。

间歇式结晶设备比较简单,结晶质量较好,结晶收率高,操作控制也比较方便,但设备利用率较低,操作的劳动强度较大。连续结晶设备比较复杂,结晶粒子比较细小,操作控制也比较困难,消耗动力较多,但设备利用率高,生产能力大。连续结晶设备若能采用自动控制,将会在更多企业广泛推广。

二、常见结晶设备

1. 冷却结晶器

冷却结晶是通过冷却降温使溶液变成过饱和状态而产生结晶,但基本上不去除溶剂的过程。其适用于溶解度随温度的降低而显著下降的物系。主要的冷却结晶设备有以下三种。

（1）空气冷却式结晶器

空气冷却式结晶器(如图4-4所示)是一种最简单的敞开式结晶槽。物料加入该结晶器,在大气中冷却,槽中温度逐渐降低,同时会有少量溶剂汽化,物料逐渐结晶。由于使用该设备的操作是间歇的,冷却又很缓慢,对于含有多结晶水的盐类往往可以得到高质量、较大的结晶。但其占地面积大,生产能力低。

（2）釜式结晶器

釜式结晶器是用冷却剂使溶液冷却下来而达到过饱和,从而使溶液结晶出来。冷却结晶过程所需的冷量由夹套或外部换

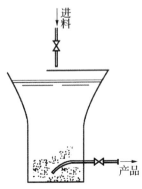

图4-4 空气冷却式结晶器

热器供给,选用哪种形式的结晶器主要取决于对换热量大小的需求。釜式结晶器的主要特点:结构简单,制造容易,但冷却表面易结垢而导致换热效率下降。目前应用较广的有带搅拌的内循环式冷却结晶器和外循环式冷却结晶器(如图4-5所示)。

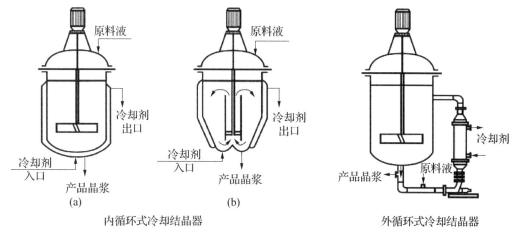

图4-5　釜式结晶器

（3）Krystal-Oslo 分级结晶器

Krystal-Oslo 分级结晶器主要由蒸发室和结晶室两部分组成。器内的饱和溶液与少量处于未饱和状态的热原料液混合,通过循环管进入冷却器达到轻度过饱和状态,并在通过中心管从容器底部返回结晶器的过程中达到过饱和,使原来的晶核得以长大。由于晶体在结晶器中向上流动溶液的带动下保持悬浮状态,从而产生了一种自动分级的作用,即大粒的晶体在底部,中等的晶体在中部,最小的晶体在最上面(如图4-6所示)。溶液反复循环,晶体达到所需粒度后再排出。Krystal-Oslo 分级结晶器的主要特点:母液基本不含晶体颗粒;晶体颗粒大而均匀;操作弹性小;外加热器内易出现结晶层而导致传热系数降低。

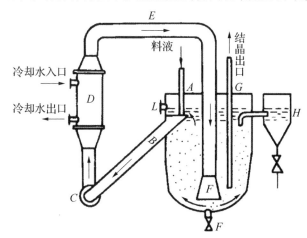

A—结晶器进料管;B—循环管入口;C—主循环泵;D—冷却器;
E—过饱和吸入管;F—放空管;G—晶浆取出管;H—细晶捕集器。

图4-6　Krystal-Oslo 分级结晶器

2. 蒸发结晶器

蒸发结晶是使溶液在常压或减压下蒸发浓缩而达到过饱和的结晶过程,适用于溶解度随温度降低而变化不大或具有逆溶解度特性的物系。但蒸发结晶对晶体的粒度不能有效地加以控制;消耗的热能较多,加热面的结构问题也给操作带来困难。蒸发结晶器常在真空度不高的减压条件下操作,并且应降低操作温度,以利于热敏性产品的稳定,并减少热能损耗。

现代蒸发结晶主要有两种方法:(1) 将溶液预热后在真空条件下闪蒸(有极少数可以在常压下闪蒸);(2) 结晶装置本身附有蒸发器。

(1) 蒸发式 Krystal-Olso 生长型结晶器

生长型蒸发结晶器的结构比普通蒸发器复杂得多,投资也更高。蒸发式 Krystal-Olso 结晶器除可以分级式操作外,也可以采用晶浆循环(MagMa Recycling)式操作。其中分级结晶操作产量低;循环晶浆操作易磨损。蒸发式 Krystal-Olso 的主要特点是结晶的粒度较容易控制。如图 4-7 所示为蒸发式 Krystal-Olso 生长型(强制循环型)结晶器,该结晶器由蒸发室和结晶室两部分组成。

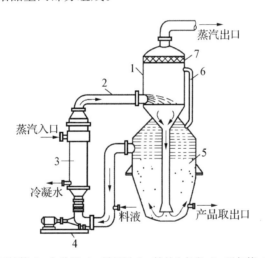

1—蒸发室;2—回滤管;3—加热器;4—循环泵;5—结晶生长段;6—通气管;7—网状分离器。

图 4-7 蒸发式 Krystal-Olso 生长型结晶器

(2) DTB 型蒸发结晶器(真空闪蒸制冷型结晶器)

图 4-8 所示为 DTB 型(又称遮导型)蒸发结晶器。它可以与蒸发加热器联用,也可以把加热器分开,是目前采用最多的类型。DTB 型蒸发结晶器的循环泵在内部,阻力小,晶体的粒度由分级液流控制,粒径均匀。其特点是蒸发室有导流管,管内安装搅拌器。它属于晶浆内循环结晶器,溶液过饱和度较低,性能优良,生产强度大,结晶产品粒度大,器内不结垢,已成为主要的连续型结晶器之一。

3. 其他类型结晶器

(1) 直接冷却结晶设备

冷却表面间接制冷易在冷却表面结垢导致换热效率下降,而直接接触冷却没有这个

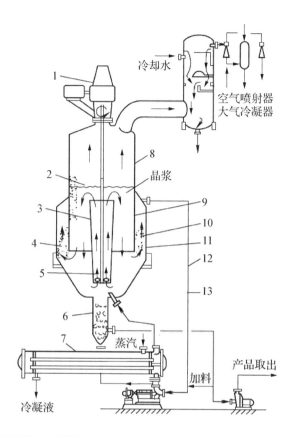

1—电动机及减速机；2—沸腾表面；3—中央导流管；4—结晶沉淀区；5—搅拌翼；6—淘洗腿；
7—加热器；8—蒸发室；9—遮挡板；10—澄清区；11—本体；12—循环管；13—溶液出口。

图 4-8　DTB 型(又称遮导型)蒸发结晶器

问题。当溶液与冷剂不互溶时,可以利用溶液直接接触,从而省去与溶液接触的换热器,防止过饱和度时造成结垢。直接冷却结晶设备的主要特点是:设备紧凑、简单,但结晶粒度往往比较细小。

　　典型的喷雾式结晶器也称湿壁蒸发结晶器(图 4-9),属于直接冷却结晶设备,主要由加热系统、结晶塔、气固分离器等组成。喷雾结晶的关键是在喷嘴保证溶液高度分散。这种结晶器的操作过程是将浓缩的热溶液与大量的冷空气混合,产生冷却及蒸发的效应,从而使溶液达到过饱和,结晶得以析出。即由一台鼓风机直接送入 $25\sim40$ m/s 高速度的冷空气,溶液由中心部分吸入并被雾化,以达到过饱和而结晶。这时雾滴高度浓缩直接变为干燥结晶,附着在前方的硬质玻璃管上;或者变成两相混合的晶浆由末端排出,晶浆稠厚,离心过滤。喷雾式结晶器设备很紧凑,也很简单,不过结晶粒度往往比较细小,可广泛用于硝铵和尿素肥料的造粒塔。

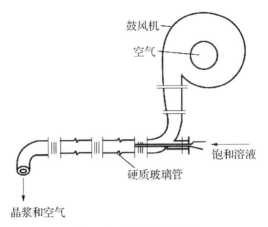

图 4-9　喷雾式结晶器

（2）真空结晶器

蒸发结晶器和真空结晶器之间并没有很严格的界限,这是因为蒸发往往是在真空下进行的。如果要区别它们,严格的界限在于:真空结晶器是绝热蒸发方式,其绝对压力与操作温度下的溶液蒸汽分压一致,且操作温度更低,真空度更高。真空结晶器的特点是结构简单,耐腐蚀;不会在操作时结垢;生产能力大;蒸汽、冷却水消耗量大。连续真空结晶器如图 4-10 所示。

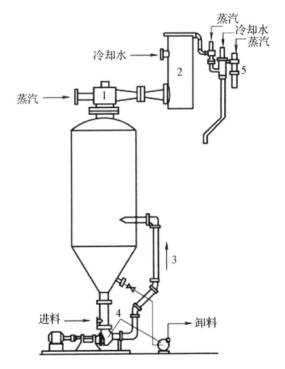

1—蒸汽喷射泵;2—冷凝器;3—循环管;4—泵;5—双级式蒸发喷射泵。

图 4-10　连续真空结晶器

（3）盐析结晶器

盐析（溶析）结晶是向溶液中加入某些物质（盐析剂），以降低溶质在原溶剂中的溶解度，产生过饱和度而结晶的方法。盐析剂的要求：盐析剂应能溶解于原溶液中的溶剂，但不（很少）溶解被结晶的溶质，而且溶剂与盐析剂的混合物应易于分离（用蒸馏法）。

盐析结晶器就是利用盐析法进行结晶操作的设备。NaCl 是一种常用的盐析剂，当在联合制碱法中，向低温的饱和氯化铵母液中加入 NaCl，利用同离子效应，可使母液中的氯化铵尽可能多的结晶出来，以提高结晶收率，如图 4-11 所示。

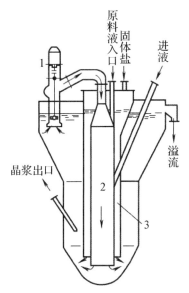

1—循环泵；2—中央降液；3—加盐夹套管。

图 4-11　联碱盐析结晶器

（4）FC 型结晶器

FC 型结晶器由结晶室、循环管、循环泵、换热器等组成，结构简单，操作方便。结晶室有锥形底，晶浆从锥底排出后，经循环管用轴流式循环泵送过换热器，被加热或冷却后重新又进入结晶室，如此循环不已，属于晶浆循环型。晶浆排出口位于接近结晶室锥底处，而进料口则在排料口之下的较低位置上。FC 型结晶器可以连续操作，也可以间歇操作。但这种类型的结晶器，因为其设备中的晶体很难搅拌，而且存在着不均匀的分布，所以可以用于无机盐的生产。

▶ 子任务 2　选择结晶设备 ◀

一、结晶设备的选用原则

选择结晶器时，要综合考虑被处理物系的性质、产品粒度和粒度分布、晶型的要求、杂质的影响、处理量的大小及能耗多种因素，同时所选择的结晶器应该能耗低、操作简单、易于维护等。选用时，可认真分析各种结晶器的特点与适应性，结合结晶任务的要求合理选取。

一般来说，可以依据以下原则进行选择。

1. 根据物质溶解度随温度变化规律的不同选择不同类型的结晶器：对溶解度随温度下降而大幅度下降的物系，可选用冷却结晶器或真空结晶器；对溶解度随温度降低而变化很小、不变或反而上升的物质，应选择蒸发结晶器。

2. 根据对产品形状、粒度及粒度分布的要求不同进行选择：如要获得颗粒较大而且均匀的晶体，应选具有粒度分级作用的结晶器，或能进行产品分级排出的混合型结晶器。

3. 考虑设备投资费用和操作费用的大小及操作弹性等进行选择：如真空式结晶器和蒸发结晶器具有一定空间高度，在同样的生产能力下，其占地面积较冷却结晶器要小，选择时需考量。

4. 针对具体物系的物理性质和换热量的大小进行选择：例如，可根据流体流动要求选择搅拌式、强制循环式或流化床式结晶器；根据换热量大小选择外循环型或内循环型结晶器；对容易结垢且难以清垢的物系，可以考虑真空冷却结晶器。

5. 对于有腐蚀性的物系，设备的材质应考虑其耐腐蚀性能。

6. 对于粒度有严格要求的物系，一般应选用分级型结晶器。

7. 对于具有特殊溶解性能的物系应根据具体情况选用其他专用的结晶器。

二、结晶设备的发展趋势

目前结晶设备发展的方向是实现结晶的连续化。其具体要求如下：

（1）不结垢。

（2）设备内各部位溶液浓度均匀。

（3）避免促使晶核形成的刺激。

（4）连续结晶过程中同时具有各种大小粒子的晶体。

（5）及时清除影响结晶的杂质。

（6）设备内溶液的循环速度要恰当。

结晶分离技术近年来发展很快，除了传统的冷却结晶、蒸发结晶、真空结晶等进一步得到发展与完善外，新型结晶分离技术也在工业上得以应用或正在推广，例如高压结晶、萃取结晶、蒸馏-结晶耦合技术、膜结晶、喷雾干燥结晶、乳化结晶、超临界流体结晶等。

任务三　分析结晶过程的影响因素

▶ 子任务 1　认识固液体系相平衡 ◀

结晶操作是在一定条件(温度、压力)下,溶质在溶液中达到过饱和度,从溶液中析出的过程。影响溶质在溶剂中溶解度的因素,如溶剂的性质、结晶操作温度及操作压力、溶液中的杂质,以及结晶设备的结构等,均可影响结晶操作。

一、结晶与溶解

一种物质溶解在另一种物质中的能力称为溶解性,溶解性的大小与溶质和溶剂的性质有关。相似相溶理论认为,溶质能溶解在与它结构相似的溶剂中。在一定条件下,一种晶体作为溶质可以溶解在某种溶剂之中而形成溶液。在固体溶质溶解的同时,溶液中进行着一个相反的过程,即已溶解的溶质粒子撞击到固体溶质表面时,又重新变成固体而从溶剂中析出,这个过程就是结晶。

$$固体物质 \underset{结晶}{\overset{溶解}{\rightleftharpoons}} 溶液$$

溶解与结晶是可逆过程。当固体物质与其溶液接触时,如溶液尚未饱和,则固体溶解;当溶液恰好达到饱和时,固体与溶液达到相平衡状态,溶解速度与结晶速度相等,此时溶质在溶剂中的溶解量达到最大限度;如果溶质量超过此极限,则有晶体析出。

二、基本概念

1. 晶体

物质是由原子、分子或离子组成的。当这些微观粒子在三维空间按一定的规则排列,形成空间点阵结构时,就形成了晶体。因此,具有空间点阵结构的固体就叫作晶体。晶体是化学组成均一的固体。事实上,绝大多数固体都是晶体。

2. 晶系

构成晶体的微观粒子(分子、原子或离子)按一定的几何规则排列,形成的最小单元称为晶格。按晶格空间结构的不同,晶体可分为不同的晶系,如三斜晶系、单斜晶系、斜方晶系、立方晶系、三方晶系、六方晶系和等轴晶系。同一种物质在不同的条件下可形成不同的晶系或两种晶系的混合物。

3．晶习

微观粒子的规则排列可以按不同方向发展，即各晶面以不同的速率生长，从而形成不同外形的晶体，各晶面的相对成长率称为晶习。同一晶系的晶体在不同结晶条件下的晶习不同，改变结晶温度、溶剂种类、pH以及少量杂质或添加剂的存在往往会改变晶习而得到不同的晶体外形。控制结晶操作的条件以改善晶习，获得理想的晶体外形，是结晶操作区别于其他分离操作的重要特点。

4．晶核

溶质结晶出来的初期，首先要产生微观的晶粒作为结晶的核心，这些核心称为晶核。晶核是过饱和溶液中首先生成的微小晶体粒子，是晶体生长过程必不可少的核心。

5．晶浆和母液

溶液在结晶器中结晶出来的晶体和剩余的溶液构成的混合物称为晶浆，去除晶体后所剩的溶液称为母液。结晶过程中，含有杂质的母液会以表面黏附或晶间包藏的方式夹带在固体产品中。

三、结晶过程的相平衡

1．溶解度

在一定温度下，将固体溶质不断加入某溶剂，溶质就会不断溶解，当加到某一数量后，溶质不再溶解，此时，固液两相的量及组成均不随时间的变化而变化，即溶液恰好饱和，溶质既无溶解也无结晶，这种现象称为溶解相平衡。此时的溶液称为饱和溶液，其组成称为此温度条件下该物质的平衡溶解度（简称溶解度）。若溶液中溶质的量超过了该温度及压强下溶质的溶解度，称为过饱和。

不同物质的溶解度是不同的，溶解度与溶质的分散度（晶体大小）、溶质与溶剂的性质、温度及压强有关。固体物质在一定溶剂中的溶解度主要随温度而变化，而随压强的变化很小，常可忽略不计。因此溶解度的数据通常用溶解度和温度为坐标绘制的曲线来表示（图4-12）。

2．过饱和度

溶质组成等于溶解度的溶液称为饱和溶液；溶质组成小于溶解度的溶液称为不饱和溶液；溶质组成大于溶解度的溶液称为过饱和溶液；同一温度下，过饱和溶液与饱和溶液间的组成之差称为溶液的过饱和度。实际生产中的结晶操作，都是利用过饱和溶液来制取晶体。由于过饱和溶液是溶液的一种不稳定状态，轻微的振动、搅拌或有固体掉入，立刻会有晶体析出，所以过饱和溶液要在相当平静的条件下制备。谨慎、缓慢地冷却饱和溶液，并防止掉入固体颗粒，就可以制得过饱和溶液。在适当的条件下，过饱和溶液可稳定存在。过饱和是结晶的前提，过饱和度是结晶过程的推动力。

过饱和度常用以下两种方法表述。

（1）用浓度差表示

$$\Delta c = c - c^* \tag{4-1}$$

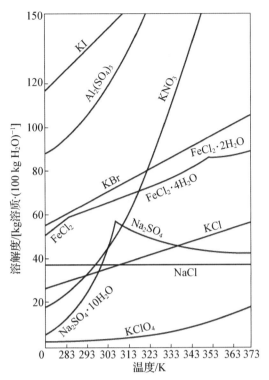

图 4 - 12　某些无机盐在水中的溶解度曲线

式中：Δc 为浓度差过饱和度，单位为 g 溶质/100 kg 溶剂；c 为操作温度下过饱和溶液的浓度，单位为 g 溶质/100 kg 溶剂；c^* 为操作温度下的溶解度，单位为 g 溶质/100 kg 溶剂。

（2）用温度差表示

$$\Delta t = t - t^* \tag{4-2}$$

式中：Δt 为温度差过饱和度（过冷度），单位为 K；t 为该溶液经冷却达到过饱和状态时的温度，单位为 K；t^* 为该溶液在饱和状态时所对应的温度，单位为 K。

溶液过饱和度与结晶的关系如图 4 - 13 所示，AB 线称为溶解度曲线，曲线上任意一点，均表示溶液的一种饱和状态，理论上状态点处在 AB 线左上方的溶液均可以结晶。然而实践表明并非如此，溶液必须具有一定的过饱和度，才能析出晶体。CD 线称为过溶解度曲线，也称过饱和曲线，表示溶液达到过饱和，其溶质能自发结晶析出的曲线，它与溶解度曲线大致平行。溶解度曲线是固定的；且饱和曲线受搅拌、搅拌强度、晶种（用于诱发结晶的微小晶体）、晶种大小和多少、冷却速度的快慢等因素影响。

过溶解度曲线和溶解度曲线将温度-组成图分割为三个区域。

（1）稳定区：AB 线以下的区域，处在此区域的溶液尚未达到饱和，所以没有晶体析出的可能。

（2）不稳定区：CD 线以上的区域，处在此区域中的溶液能自发地发生结晶。

（3）介稳区：AB 线和 CD 线之间的区域，处在此区域中的溶液虽处于过饱和状态，但不会自发地发生结晶，如果投入晶种，则发生结晶。通常，结晶操作都在介稳区内进行。

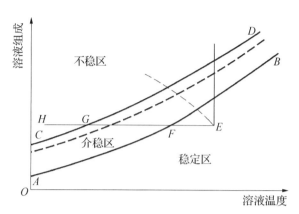

图 4-13 过溶解度曲线与介稳区

从不饱和溶液里析出晶体，一般要经过下列步骤：不饱和溶液→饱和溶液→过饱和溶液→晶核的产生→晶体生长等。

▶ 子任务 2 分析晶核的形成及影响因素 ◀

结晶过程中的两种速率：一种是晶核形成的速率 A，另一种是晶体的成长速率 B。

若 $A > B$，则产生大量晶核，产品小而多。

若 $A = B$，则晶体粒度大小参差不一。

若 $A < B$，则结晶产品颗粒大而均匀。

这两种速率的大小除影响晶体的形状，也影响产品本身的内部质量，如形成晶簇。也就是说，影响晶核形成速率和晶体成长速率的因素就是影响结晶操作的因素。下面先分析晶核的形成过程及其影响因素。

一、晶核的形成过程

晶核是过饱和溶液中初始生成的微小晶粒，是晶体成长过程中必不可少的核心。温度降低或溶剂量减小时，质点间引力增大，结合成线晶、面晶、晶胚，晶胚进一步长大即成为稳定的晶核。在这一过程中，线晶、面晶、晶胚都是不稳定的，有可能继续长大，亦可能重新分解。

根据成核机理的不同，晶核形成可分为初级均相成核、初级非均相成核和二次成核三种。

1. 初级均相成核

初级均相成核是指在洁净的过饱和溶液进入介稳区时，还不能自发地产生晶核，只有进入不稳区后，溶液才能自发地产生晶核，即在均相过饱和溶液中自发产生晶核的过程。

2. 初级非均相成核

初级非均相成核是溶液在外来物的诱导下产生晶核的过程，它可以在较低的过饱和度下发生。实际上在工业结晶器中发生均相初级成核的机会比较少，因为溶液中有外来固体物质颗粒,如大气中的灰尘或其他人为引入的固体粒子,这些外来杂质粒子对初级成核过程有诱导作用。

3. 二次成核

二次成核是在已有晶体的条件下产生晶核的过程。二次成核的机理主要有流体剪应力成核和接触成核。剪应力成核是当过饱和溶液以较大的流速流过正在生长中的晶体表面时,在流体边界层存在的剪应力能将一些附着于晶体之上的粒子扫落,而成为新的晶核。接触成核是指当晶体与其他固体物接触时,所产生的晶体表面的碎粒成为新的晶核的过程。在过饱和溶液中,晶体只要与固体物进行能量很低的接触,就会产生大量的微粒。在工业结晶器中,晶体与搅拌桨、器壁间的碰撞,以及晶体与晶体之间的碰撞都有可能发生接触成核。接触成核的概率往往大于剪应力成核。因此工业结晶通常采用二次成核技术。

二、影响晶核形成的因素

成核速率的大小、数量,取决于溶液的过饱和度、温度、组成等因素,其中起重要作用的是溶液的组成和晶体的结构特点。

一般说来,对不加晶种的结晶过程:

(1) 若溶液过饱和度大,冷却速度快,强烈地搅拌,则晶核形成的速度快,数量多,但晶粒小。

(2) 若溶液过饱和度小,使其静止不动和缓慢冷却,则晶核形成速度慢,得到的晶体颗粒较大。

(3) 对于等量的结晶产物,若晶核形成的速度大于晶体成长的速度,则产品的晶体颗粒大而少;若两速度相近,则产品的晶体颗粒大小参差不齐。

控制成核的方法如下:

(1) 维持稳定的过饱和度,防止结晶器在局部范围内(如蒸发面、冷却表面、不同组成的两流体的混合区内)产生过大的过饱和度。其核心是控制冷却速度不能过快。

(2) 尽可能降低晶体的机械碰撞能量或机械碰撞概率。

(3) 结晶器内应保持一定的液面高度,液面太低,会破坏悬浮液床层,使过饱和度越过介稳区,产生大量晶核。

(4) 防止系统带气,否则会破坏晶浆床层,使液面翻腾,溢流带料严重。

(5) 限制晶体的生长速率,不能盲目增加过饱和度,来达到提高产量的目的。

(6) 必要时,可对溶液进行加热、过滤等预处理,以消除溶液中可能成为过多晶核的微粒。

(7) 及时从结晶器中移除过量的微晶。产品按粒度分级排出,使符合粒度要求的晶粒能作为产品及时排出,而使其不在器内循环。

(8) 含有过量细晶的母液取出送回结晶器前,要加热或稀释,使细晶溶解。

(9) 母液温度不宜相差过大,避免过饱和度过大,晶核增多。

(10) 调节原料溶液的 pH 或加入某些具有选择性的添加剂以改变成核速率。

▶ 子任务3　分析晶体的形成及影响因素 ◀

一、晶体的形成过程

过饱和溶液中已形成的晶核逐渐长大的过程称为晶体的成长。晶体成长的过程,实质上是在过饱和溶液中已有晶核形成或加入晶种后,以过饱和度为推动力,溶液中的溶质向晶核或加入的晶种运动并在其表面上进行有序排列,使晶体格子扩大的过程。晶体的长大可用表面能理论、液相扩散理论等描述。一般用液相扩散理论说明其成长过程。晶体成长示意图如图4－14所示。

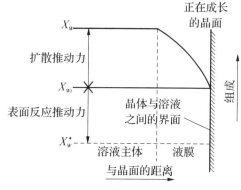

图4－14　晶体成长示意图

1. 扩散过程

溶质质点以扩散方式由液相主体穿过靠近晶体表面的层流液层(边界层)转移至晶体表面的过程,称为扩散过程。即溶液主体和溶液与晶体界面之间有浓度差存在,溶质以浓度差为推动力,穿过紧邻晶体表面的液膜层而扩散至晶体表面。

2. 表面反应过程

到达晶体表面的溶质质点按一定排列方式嵌入晶面,而组成有规则的结构,使晶体长大并放出结晶热,该过程称为表面反应过程。

3. 传热过程

放出的结晶热传导至液相主体中的过程即为传热过程。

二、影响晶体形成的因素

溶液的组成及性质、操作条件等对晶体成长均具有一定影响。

1. 过饱和度的影响

不同的生长机理,过饱和度对晶体生长速率的影响情况是不同的。过饱和度是晶体成长的根本动力,通常,过饱和度越大,晶体成长的速度越快。对于蒸发结晶速率来说,过饱和度的提高有助于晶体生长,但是过饱和度也影响晶体的成核,尤其是在过高的过饱和度下,晶体很容易发生二次成核,导致结晶产品的粒度减小。这是因为在温度一定的条件下,结晶总质量只与进料的浓度有关(由于这时溶解度不变),晶核增多,每个晶核可以生长的幅度就减小了,也就是粒度减小了。

2. 温度的影响

温度对结晶操作的影响是复杂的,它不仅影响粒子的扩散速率以及相界面上的传质速率,还直接决定溶解度大小,同时,温度的提高常引起过饱和度的降低。因此,晶体生长速率一方面由于粒子相互作用的过程加速,随温度的提高而加快,另一方面又因温度提高,过饱和度或过冷度降低而减慢,要综合考虑温度的影响。

3. 密度的影响

晶体周围的溶液因为溶质不断地析出,使得局部密度下降;同时结晶的放热作用使局部的温度较高,加剧了密度的下降。在重力作用下,溶液的局部密度差会造成溶液的涡流,如果这种涡流在晶体周围分布不均,就会使晶体的溶质供应不均匀,晶体的各表面成长也不均匀,影响产品的质量。

4. 机械搅拌的影响

机械搅拌是影响粒度分布的重要因素。搅拌的作用:(1) 加速溶液的热传导,加快生产过程;(2) 加速溶质扩散过程的速率,有利于晶体成长;(3) 使溶液的温度均匀,防止溶液局部浓度不均,结垢等;(4) 使晶核散布均匀,防止晶体粘连在一起形成晶簇,降低产品质量。

搅拌剧烈会使介稳区变窄,二次成核的速度变快,晶体粒度变细。温和而又均匀地搅拌,是获得大颗粒结晶的重要条件。但是,过于缓慢的搅拌会引起局部受热和局部结晶速率的加快,这对最终晶体的纯度和产量不利。因此要选择适宜形式的搅拌器,并控制好搅拌速度。

5. 黏度的影响

若溶液黏度大、流动性差,溶质向晶体表面的质量传递主要靠分子扩散作用。这时,由于晶体的顶角和棱边部位比晶面容易获得溶质,因此会出现晶体的棱边长得快、晶面长得慢的现象,使晶体长成特殊的形状。

6. 杂质的影响

结晶体系中常常会存在一些杂质,杂质的存在对晶体的生长有非常大的影响。有些杂质能够完全抑制生长,有些则可以促进生长;有的杂质在浓度很低时,甚至含量小于百万分之一时,对晶体生长的影响就很明显,而有的杂质在浓度很高时对晶体生长才有影响。

7. 晶种的影响

晶种的主要作用是控制晶核的数量以得到粒度大而均匀的结晶产品。工业生产中的结晶操作一般都是在人为加入晶种的情况下进行的,晶种的加入可使晶核形成的速度加快。加入一定大小和数量的晶种,并使其均匀地悬浮于溶液中,溶液中溶质质点便会在晶种的各晶面上排列,使晶体长大。晶种粒子大,长出的结晶颗粒也大,所以,加入晶种是控制产品晶粒大小和均匀程度的重要手段,这在结晶生产中是常用的。

结晶的首要条件是过饱和,在工业生产中创造过饱和条件结晶的常用方法是自然起晶法、刺激起晶法和晶体起晶法三种,其中晶体起晶法是目前各行业普遍采用的结晶方法。

任务四　操作结晶装置

工业结晶过程不但要求产品有较高的纯度和较大的产率，而且对晶形、晶粒大小及粒度范围等也常加以规定。在结晶生产过程中，可采用间歇结晶和连续结晶两种不同操作方式进行。当生产规模达到一定水平时，一般采用连续操作。但有时出于操作简易考虑，仍合理采用间歇操作。目前，间歇结晶操作和连续结晶操作过程中广泛采用了计算机辅助控制与操作手段，以控制操作中结晶器内过饱和程度，使结晶的成核和结垢问题降低到最小；对于连续结晶过程，则连续控制细晶消除，以稳定结晶粒度。

▶ 子任务 1　认识结晶操作规程 ◀

一、结晶操作规程的常规内容

1. 有关装置及产品基本情况的说明

装置及产品基本情况的说明主要包括：结晶装置的生产能力；结晶产品的名称、物理化学性质、质量标准以及它的主要用途；结晶装置和外部公用辅助装置的联系，包括原料、辅助原料的来源，水、电、气等公用工程的供给以及产品的去向等。

2. 装置或系统的构成、岗位的设置以及主要操作程序

结晶操作规程中应包括：一个结晶装置或系统分成几个工段，并应按工艺流程顺序列出每个工段的名称、作用及所管辖的范围；按工段列出每个工段所属的岗位以及每个岗位所管范围、职责和岗位的分工；列出装置开、停车程序以及异常情况处理等内容。

3. 工艺技术方面的主要内容

工艺技术方面内容一般包括：结晶原料及辅助原料的性质及规格；生产方法、生产原理；流程叙述、工艺流程图及设备一览表；工艺控制指标（如温度、压力、配料比、停留时间等）；每吨产品的物耗及能耗等。

4. 环境保护方面的内容

结晶操作规程中应列出"三废"的排放点、排放量以及其组成；介绍"三废"处理措施，列出"三废"处理一览表。

5. 安全生产原则及安全注意事项

结晶操作规程中应结合装置特点，列出装置安全生产有关规定、安全技术有关知识、安全生产注意事项等。对有毒、有害装置及易燃、易爆装置更应详细地列出有关安全及工

业、卫生方面的具体要求。

6. 成品包装、运输及贮存方面的规定

结晶操作规程中应列出包装容器的规格、重量，包装、运输方式，产品贮存中有关注意事项，批量采样的有关规定等。

二、结晶操作规程的一般目录

常见的结晶装置操作规程一般目录如下：

（1）装置概况。

（2）产品说明。

（3）原料、辅助原料及中间体的规格。

（4）岗位设置及开停工程序。

（5）工艺技术规程。

（6）工艺操作控制指标。

（7）安全生产规程。

（8）工业卫生及环境保护。

（9）主要原料、辅助原料的消耗及能耗。

（10）产品包装、运输及储存规则。

三、认识结晶岗位操作法

结晶岗位操作法常包括以下内容：

（1）结晶岗位的目的、适用范围、岗位职责等基本任务。要求应以简洁、明了的文字说明结晶岗位的生产任务。

（2）工艺流程概述。要求说明结晶岗位的工艺流程及起止点，并列出结晶工艺流程简图。

（3）所管设备。应列出结晶岗位生产操作所使用的所有设备、仪表，标明其数量、型号、规格、材质、重量等。通常以设备一览表的形式来表示。

（4）操作程序及步骤。列出结晶岗位如何开车及停车的具体操作步骤及操作要领。

（5）生产工艺控制指标。凡是由车间下达到结晶岗位的工艺控制指标，如过饱和度、操作压力、晶浆固液比、投入量与取出量等，都应一个不漏地全部列出。

（6）仪表使用规程。要求列出结晶所有仪表（包括现场的和控制室内的）的启动程序及有关规定。

（7）异常情况及其处理措施。列出结晶岗位通常发生的异常情况有哪几种，发生这些异常情况的原因分析，以及采用什么处理措施来解决上述的几种异常情况，处理措施应具有可操作性。

（8）巡回检查制度及交接班制度。应标明结晶岗位的巡回检查路线及起止点，必要时以简图列出；列出巡回检查的各个点、检查次数、检查要求等。交接班制度应列出交接时间、交接地点、交接内容、交接要求及交接班注意事项等。

（9）安全生产守则。应结合实际装置及岗位特点,列出结晶岗位安全工作的有关规定及注意事项。

（10）操作人员守则。应以生产管理角度对岗位人员提出一些要求及规定。例如,上岗严禁抽烟、必须按规定着装等,以及提高岗位人员素质、实现文明生产的一些内容及条款。

子任务 2　间歇结晶、连续结晶操作要点

一、间歇结晶操作要点

对于间歇操作,为了实现预期的结晶目的,通常采用加晶种的结晶方法(若不加晶种,则难以控制产品质量),并采取以下措施:(1) 控制多余晶核的生成;(2) 控制过饱和度处在介稳区;(3) 防止二次成核;(4) 控制结晶周期,以提高设备的生产能力;(5) 控制晶种加入量;(6) 减少结晶辅助时间等。

间歇结晶的特点是操作简单,易于控制,晶垢可以在每一操作周期中及时处理,因此,在中小规模的结晶生产中广泛使用。但间歇操作生产率低下,劳动强度大。目前,为了使间歇生产周期更加合理,可以借助计算机辅助控制与操作手段安排最佳操作时间表,即按一定的操作程序控制结晶过程各环节的时间,以达到"多、快、好、省"的目的,其中最重要的是控制造成过饱和的时间、控制维持过饱和度的时间及晶核成长的时间。

二、连续结晶操作要点

对于连续结晶操作,操作要点主要在于:(1) 控制晶体产品粒度及其分布符合质量要求;(2) 维护结晶器的稳定操作;(3) 提高生产强度;(4) 降低晶垢的生成率以延长结晶器运行周期等。为此,工业连续结晶操作常常采用"细晶消除""粒度分级排料"和"清母液溢流"等技术(可参阅有关书籍),通过这些技术,使不同粒度的晶体在结晶器中具有不同的停留时间、使母液与晶体具有不同的停留时间,从而达到控制产品粒度分布及良好运行状态的目的。

子任务 3　学会结晶中开车、停车操作及事故处理

以真空冷却结晶磷酸二氢钾溶液为例,讲述其结晶中开车、停车操作过程。磷酸二氢钾溶液真空冷却结晶流程简图如图 4-15 所示。

本工艺流程说明:来自压滤的滤液经过滤液泵输送至一级结晶器,结晶器上层的不凝气在真空泵的作用下被抽至间接冷凝器,通过与来自冷水站的冷水或者来自循环水站的循环水进行换热降温,结晶器内的物料在负压绝热条件下降温并蒸发浓缩,物料依次通过过料泵输送到二级结晶器、三级结晶器,滤液中磷酸二氢钾晶体逐步长大,满足过滤要求时,再进入稠厚器分离出含固体量较高的液体,进入缓冲槽给过滤岗位使用。

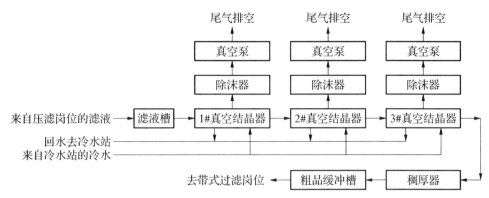

图 4-15 磷酸二氢钾溶液真空冷却结晶流程简图

一、本结晶操作的目的

为规范结晶岗位的作业程序,对压滤出来的磷酸二氢钾溶液进行真空冷却结晶,制取合格的结晶料浆,为过滤提供合格、足量的结晶料浆。

适用于结晶岗位的正常操作生产及开车、停车的工艺过程控制。

二、岗位职责

结晶岗位主操作:负责正常生产中的操作指标控制,并对系统的开、停车具体操作进行控制,严格控制各类指标,对生产中非正常现象进行处理,并做好所有设备的巡检工作。

结晶岗位副操作:协助主操作确保正常生产,同时负责本岗位所属的现场卫生、设备卫生,做好设备的润滑维护;主操作不在时,应执行主操作职责。

三、结晶开、停车操作

1. 开车前的准备与检查

(1) 检查各设备、管道、阀门、液位计是否完好,全部阀门是否处于关闭状态。

(2) 检查电器、仪表是否处于完好状态。

(3) 盘车检查所属转动设备转动是否灵活,有无卡阻及异常声音,润滑是否良好,密封是否完好。

(4) 检查各运转设备电机,长时间停车应找电工检查电机绝缘度。

(5) 准备好本岗位取样工具、分析仪器及质量记录表。

(6) 查看水、电、气、汽是否满足开车要求,提前与冷水站和循环水站联系。

(7) 以上检查无问题后及时向当班工长汇报。

2. 开车

(1) 发出开车信号并开启冷却水阀门

接到开车指令后,向冷水站、循环水站、中控和压滤岗位发出开车信号,开启结晶器间接冷凝器冷却水阀门;打开1至3级结晶器间接冷凝器冷却水进、出口阀门,通知循环水站开启循环水泵向1级间接冷凝器提供循环水,通知冷水站开启冷冻机组向2~3级间接冷凝器提供冷冻水。

进水注意事项:① 先将进水管线阀门开至30％。② 必须排净冷却设备内的空气,即打开冷却设备放空管线阀门,当放空管线阀门向外流水(排净设备内空气)时关闭放空管线的阀门,检查各级结晶间接冷凝器进、出水压力(冷却水供水压力 0.4 MPa,循环水供水压力 0.4 MPa)、温度及回水温度仪表示数是否准确。

(2) 开启真空系统

① 检查真空泵各连接是否完好;温度、压力仪表是否完好;润滑油是否足够等。

② 关闭真空泵进气管线旁路上的阀门。

③ 打开真空泵冷却水进、出口阀门,建立冷却水循环。

④ 提前向高、低温冷凝水槽内加入部分氯化铵系统的冷凝水(原始开车加入一次水),以确保高、低温冷凝水槽液位维持在50％处(确保起到液封作用)。

⑤ 真空泵手动盘车无误后,启动真空泵电机。

⑥ 当真空泵达到极限压力时,打开进气管线上的泄压阀,调整好相应的工作压力,真空泵开始正常工作。

⑦ 打开除沫器下液阀门。

(3) 各级结晶器上料

① 打开滤液上料泵进口阀门,启动滤液上料泵(先灌泵),向一级结晶器内输送物料,再打开泵出口阀,缓慢开启原料流量计上游阀门至全开,然后用流量计下游的阀门调节流量,开始向真空冷却结晶系统进液。

② 将一级、二级、三级结晶器的液位设置成手动状态。

③ 当一级结晶器的液位浸没一级结晶器搅拌桨叶时,开启一级结晶器搅拌,调整好变频开度。根据一级结晶器的液位和负压调节循环水温,调节循环水进、出口阀门开度,确保一级结晶器的出料温度符合要求。

④ 当一级结晶器液位达到 4.5 m 时,打开一级结晶器出料泵进口阀门,启动一级结晶器出料泵(先灌泵),向二级结晶器内输送物料,再缓慢开启出料泵出口阀门,调节流量,开始向二级结晶器进液。

⑤ 后续二、三级结晶器的操作与一级相同,不再叙述。

⑥ 液位平衡:一级结晶器液位平稳后,调节一级结晶器出料泵的变频器,控制一级结晶器的液位使之维持在 4.5 m。调节二级结晶器出料泵的变频器,控制二级结晶器的液位使之维持在 4.5 m。以此类推,通过调整各级结晶器出料泵变频开度及各级出料泵出口阀门的开度,使各级结晶器的液位维持在规定工艺指标。

⑦ 当高、低温冷凝水槽液位显示为 0.8 m 时,开启高、低温冷凝水泵入口阀,启动高、低温冷凝水泵,打开泵出口阀并调节阀门的开度,通过高、低温冷凝水泵的变频器调节输出流量来控制液位,使高、低温冷凝水连续输送至其他岗位或者前工序。需特殊注意的是:冷凝水罐液位应维持在 0.8～1.2 m 处(确保起到液封作用)。

⑧ 由于各级结晶器设有远传压差液位计,其与各级结晶器出料采用变频泵连锁,即高低液位自动控制技术。可通过液位调节结晶出料泵的转速,保持结晶器内液位在 4.5 m,且当液位大于 5 m 时,自动报警。各级结晶器负压、液位和温度调整至规范指标

后,立即切换至液位自动调节状态。

（4）过滤岗准备开车

打开三级结晶出料泵进口阀门,启动三级结晶出料泵,然后打开泵出口阀并调节阀门开度,使浓缩液输送至稠厚器。当浓缩液淹没搅拌桨叶时开启搅拌。通知过滤岗位准备开车。

3. 停车

（1）迅速降低二氢钾滤液上料泵流量。

（2）停各级真空机组:关闭真空泵进口管线阀门,迅速关闭真空泵电机,开启泵进口放空管线阀门,使真空泵进口恢复常压,关闭冷却水管线的阀门。

（3）打开各级结晶器的壳放空阀门,将系统放空。

（4）继续进料稀释浓缩液,直到各级结晶器内物料无晶体物质析出后,停止二氢钾母液上料泵并关闭上料阀,打开泵入口的排净阀门,将上料管线内的料液排净。

（5）将一级结晶器液位控制设置设为手动状态,一级结晶器内料液全部输送至二级结晶器后,停止一级结晶出料泵并关闭一、二级结晶器过料阀,打开泵入口处的放净阀门,将一级结晶器内料液排净。

（6）以此类推,将二、三级结晶器内的物料全部排放干净。

（7）停止冷冻水和循环水系统:关闭各级冷却器冷冻水进出口阀门。

五、处理结晶操作故障

表 4-1　结晶操作中的异常现象及处理方法

现象	原因	处理方法
晶体颗粒太细	① 过饱和度增多	① 降低过饱和度
	② 温度过低	② 提高温度
	③ 操作压力过低	③ 增加操作压力
	④ 晶体过多	④ 控制晶体或增加细晶消除系统
晶垢	① 溶质沉淀	① 防止沉淀
	② 滞留死角	② 防止死角
	③ 流速不匀	③ 控制流速均匀
	④ 保温不匀	④ 使保温均匀
	⑤ 搅拌不匀	⑤ 使搅拌均匀
	⑥ 杂质	⑥ 去除杂质
堵塞	① 母液中含杂质	① 除去杂质
	② 不能及时地清除细品	② 消除细品
	③ 产生晶垢	③ 除去晶垢,及时地清洗结晶器
	④ 晶体的取出不畅	④ 通过加热及时地取走晶体

续　表

现象	原因	处理方法
蒸发结晶器的压力波动	① 换热器的传热不均	① 均匀传热
	② 结垢	② 消除结垢
	③ 溶液的过饱和度不符合要求	③ 控制溶液的过饱和度
	④ 排气不畅	④ 清洗结晶器、换热器及管路
	⑤ 结晶的液面、溢流量不符合要求	⑤ 控制结晶器的液位及溢流量
晶浆泵不上量	① 叶轮或泵壳磨损严重	① 应停泵检修更换
	② 管线或阀门被堵	② 停泵清洗或清扫
	③ 叶轮被堵塞	③ 用水洗或汽冲
	④ 晶浆固液比过高	④ 减少取出量或带水输送
	⑤ 泵反转或漏入空气	⑤ 维修可更换填料
盐析结晶器液面高	① 溢流管堵塞或不通畅	① 清洗或排出管内存气
	② 取出管堵塞或取出量小	② 清洗取出管或加大取出量
	③ 溢流槽挡网杂物多	③ 清除杂物
	④ 溢流量过大	④ 调整滤液量
稠厚器下料管堵	① 稠厚器内存料过多	① 减少进料量,用水带动取出
	② 管线阀门被堵	② 用水洗或吹蒸汽
	③ 器内掉有杂物	③ 停车放空取出杂物
盐析结晶器溢流带料多	① 滤液带气严重	① 减少并消除滤液泵带气
	② 泵循环量过多或没关排气阀	② 更换泵叶轮或关排气阀
	③ 器内固液比太高	③ 加大取出量,降低固液比或减量
	④ 母液溢流量过大	④ 均匀分配滤液
	⑤ 结晶过细	⑤ 改善结晶质量

自测练习

一、填空题

1. 结晶是固体物质以晶体状态从气相、溶液或_____的物质中析出的过程,是获得_____产物的重要方法之一。

2. 过饱和度是在_____下,过饱和溶液与饱和溶液间的_____。

3. 均相物系指不含其他相的_____,或者对于结晶生成来说,可当作是_____的物系。

4. 在有转为_____的物质的晶体存在下的成核,称为二次成核。二次成核是一种_____成核。

5. 在溶液所处的条件下溶质分子形成的_____,其形成过程称为成核,其形成过程机理可称为_____。

6. 结晶过程的阶段之一是潜伏转变期,这时直接看不到_____生成。这一时期称为_____。

7. 对于连续过程的结晶,_____的存在并非其代表性特征,因过程涉及的是晶体与_____共存的多相物系。

8. 杂质对结晶物质某些物理特性的影响,通过_____、_____等作用而实现。

9. 结晶分离的优点有结晶过程装置_____,可分离_____的混合物和沸点相近的混合物,结晶法消耗_____。

10. 晶体的生长速度受到多种因素的影响,其中_____和_____是两个主要的影响因素。

11. 晶体的熔点是指晶体从固态转变为液态时所需的_____。

二、选择题

1. ____是结晶过程必不可少的推动力。　　　　　　　　　　　　　　　(　　)
A. 饱和度　　　　B. 溶解度　　　　C. 平衡溶解度　　D. 过饱和度

2. 构成晶体的微观粒子(分子、原子或离子)按一定的几何规则排列,由此形成的最小单元称为　　　　　　　　　　　　　　　　　　　　　　　　(　　)
A. 晶体　　　　　B. 晶系　　　　　C. 晶格　　　　　D. 晶习

3. 结晶操作过程中,有利于形成较大颗粒晶体的操作是　　　　　　　(　　)
A. 迅速降温　　　B. 缓慢降温　　　C. 激烈搅拌　　　D. 快速过滤

4. 结晶操作中当一定物质在一定溶剂中的溶解质主要随____变化。　(　　)
A. 溶质浓度　　　B. 操作压强　　　C. 操作温度　　　D. 过饱和度

5. 结晶操作中溶液的过饱和是指溶液质量浓度与溶解度的关系为　　(　　)
A. 两者相等　　　B. 前者小于后者　C. 前者大于后者　D. 都不对

6. 结晶的发生必有赖于____的存在。　　　　　　　　　　　　　　　(　　)
A. 未饱和　　　　B. 饱和　　　　　C. 不饱和及饱和　D. 过饱和

7. 结晶过程中,较高的过饱和度,可以____晶体。　　　　　　　　　(　　)
A. 得到少量、体积较大的　　　　　B. 得到大量、体积细小的
C. 得到大量、体积较大的　　　　　D. 得到少量、体积细小的

8. 结晶进行的先决条件是　　　　　　　　　　　　　　　　　　　　(　　)
A. 过饱和溶液　　B. 饱和溶液　　　C. 不饱和溶液　　D. 都可以

9. 结晶设备都含有　　　　　　　　　　　　　　　　　　　　　　　(　　)
A. 加热器　　　　B. 冷凝器　　　　C. 搅拌器　　　　D. 加热器、冷凝器

10. 结晶作为一种分离操作与蒸馏等其他常用的分离方法相比具有_____特点。
　　　　　　　　　　　　　　　　　　　　　　　　　　　　　　　(　　)

A. 晶体黏度均匀

B. 操作能耗低；设备材质要求不高，三废排放少

C. 设备材质要求不高，三废排放少，包装运输方便

D. 产品纯度高

11. 在蒸发操作中，下列措施有利于晶体颗粒大而少的操作是 （ ）

A. 增大过饱和度　　B. 迅速降温　　　C. 强烈搅拌　　　D. 加入少量晶种

12. 下列叙述正确的是 （ ）

A. 溶液一旦达到过饱和就能自发地析出晶体

B. 过饱和溶液的温度与饱和溶液的温度差称为过饱和度

C. 过饱和溶液可以通过冷却饱和溶液来制备

D. 对一定的溶质和溶剂，其过饱和度曲线只有一条

13. 在结晶过程中，杂质对晶体成长速率 （ ）

A. 有抑制作用　　　　　　　　B. 有促进作用

C. 有的有抑制作用，有的有促进作用　　D. 没有影响

14. 在工业生产中为了得到质量好、粒度大的晶体，常在介稳区进行结晶。介稳区是指 （ ）

A. 溶液没有达到饱和的区域

B. 溶液刚好达到饱和的区域

C. 溶液有一定过饱和度，但程度小，不能自发地析出结晶的区域

D. 溶液的过饱和程度大，能自发地析出结晶的区域

15. 下列不属于晶体的特点是 （ ）

A. 具有一定的几何外形　　　　B. 具有各向异性

C. 具有一定的熔点　　　　　　D. 具有一定的沸点

三、判断题

1. 结晶过程中形成的晶体越小越容易过滤。 （ ）

2. 过饱和度是产生结晶过程的根本推动力。 （ ）

3. 结晶操作与萃取操作的理论依据相同。 （ ）

4. 冷却结晶适用于溶解度随温度降低而显著降低的物系。 （ ）

5. 结晶时只有同类分子或离子才能排列成晶体，因此结晶具有良好的选择性，利用这种选择性即可实现混合物的分离。 （ ）

6. DTB 型结晶器属于间歇结晶设备。 （ ）

7. 浓硫酸的结晶温度随着浓度的升高而升高。 （ ）

四、问答题

1. 何谓结晶操作？结晶操作有哪些特点？

2. 溶液结晶的方法有哪几种？

3. 什么叫作过饱和溶液？过饱和度有哪些表示方法？

4. 结晶过程包括哪几个阶段？

5. 影响结晶操作的因素有哪些？

6. 扩散理论的论点是什么？

附　录

附录一　法定计量单位及单位换算

附表1　常用单位

基本单位			具有专门名称的导出单位			允许并用的导出单位		
物理量	基本单位	单位符号	物理量	单位名称	单位符号	物理量	单位名称	单位符号
长度	米	m	力	牛[顿]	N	时间	分	min
质量	千克	kg	压强、压力	帕[斯卡]	Pa	时间	时	h
时间	秒	s	能、功、热量	焦[耳]	J	时间	日	d
热力学温度	开[尔文]	K	功率	瓦[特]	W	体积	升	L
物质的量	摩[尔]	mol	摄氏温度	摄氏度	℃	质量	吨	t

附表2　常用十进倍数单位及分数单位的词头

词头符号	M	k	d	c	m	μ
词头名称	兆	千	分	厘	毫	微
表示因数	10^6	10^3	10^{-1}	10^{-2}	10^{-3}	10^{-6}

附表3　质量单位换算表

g 克	kg 千克	t 吨	lb 磅
1	10^{-3}	10^{-6}	$2.204\,62\times10^{-3}$
1 000	1	0.001	2.204 62
10^6	1 000	1	2 204.62
453.6	0.453 6	4.536×10^{-4}	1

附表 4　长度单位换算表

m 米	in 英寸	f 英尺	yd 码
1	39.370 1	3.280 8	1.093 61
0.025 400	1	0.073 333	0.027 78
0.304 80	12	1	0.333 33
0.914 4	36	3	1

附表 5　力单位换算表

N 牛顿	kgf 千克力	lbf 磅力	dyn 达因
1	0.102	0.224 8	1×10^5
9.806 65	1	2.204 6	$9.806\ 65 \times 10^5$
4.448	0.453 6	1	4.448×10^5
1×10^{-5}	1.02×10^{-4}	2.248×10^{-6}	1

附表 6　体积单位换算表

cm³ 立方厘米	m³ 立方米	L 升	ft³ 立方英尺	gal 英加仑	USgal 美加仑
1	10^{-6}	10^{-3}	3.531×10^{-5}	0.000 220 0	0.000 264 2
10^6	1	10^3	35.31	220.0	264.2
10^3	10^{-3}	1	0.035 31	0.220 0	0.264 2
28 320	0.028 32	28.32	1	6.228	7.481
4 546	0.004 546	4.546	0.160 5	1	1.201
3 785	0.003 785	3.785	0.133 7	0.832 7	1

附表 7　压力单位换算表

Pa(=N/m²) 帕[斯卡]	bar 巴	kgf/cm² 工程大气压	atm 物理大气压	mmH₂O 毫米水柱	mmHg 毫米汞柱	lbf/in² 磅力每平方英寸
1	1×10^{-5}	1.02×10^{-5}	0.99×10^{-5}	0.102	0.007 5	14.5×10^{-3}
1×10^5	1	1.02	0.986 9	10 197	750.1	14.5
98.07×10^3	0.980 7	1	0.967 8	1×10^4	735.56	14.2
$1.013\ 25 \times 10^5$	1.013	1.033 2	1	$1.033\ 2 \times 10^4$	760	14.697
9.807	9.807×10^{-5}	0.001	$0.967\ 8 \times 10^{-4}$	1	0.073 6	1.423×10^{-3}
133.32	1.333×10^{-3}	0.136×10^{-2}	0.001 32	13.6	1	0.019 34
6 894.8	0.068 95	0.703	0.068	703	51.71	1

附表 8 功、能及热单位换算表

J（＝N・m） 焦[耳]	kgf・m 千克力米	kW・h 千瓦时	hp・h 英制马力时	kcal 千卡	Btu 英热单位	lbf・ft 磅力英尺
1	0.102	2.778×10^{-7}	3.725×10^{-7}	2.39×10^{-4}	9.485×10^{-4}	0.737 7
9.806 7	1	2.724×10^{-4}	3.653×10^{-6}	2.342×10^{-3}	9.296×10^{-3}	7.233
3.6×10^{6}	3.671×10^{5}	1	1.341 0	860.0	3 413	$2 655 \times 10^{3}$
2.685×10^{6}	273.8×10^{3}	0.745 7	1	641.33	2 544	14.697
$4.186 8 \times 10^{3}$	426.85	$1.162 2 \times 10^{-3}$	$1.557 6 \times 10^{-3}$	1	3.963	
1.055×10^{3}	107.58	2.930×10^{-4}	3.926×10^{-4}	0.252 0	1	778.1
1.355 8	0.138 3	$0.376 6 \times 10^{-6}$	$0.505 1 \times 10^{-6}$	3.239×10^{-4}	1.285×10^{-3}	1
$4.186 8 \times 10^{3}$	426.85	$1.162 2 \times 10^{-3}$	$1.557 6 \times 10^{-3}$	1	3.963	

附表 9 功率单位换算表

W 瓦[特]	kgf・m/s 千克力米每秒	lbf・ft/s 英尺磅力每秒	hp 英制马力	kcal/s 千卡每秒	Btu/s 英热单位每秒
1	0.102	0.737 6	1.341×10^{-3}	$0.238 9 \times 10^{-3}$	9.486×10^{-4}
9.806 7	1	7.233 14	0.013 15	$0.234 2 \times 10^{-2}$	9.293×10^{-3}
1.355 8	0.138 25	1	0.001 818 2	$0.323 8 \times 10^{-3}$	$1.285 1 \times 10^{-3}$
745.69	76.037 5	550	1	0.178 03	0.706 75
4 186.8	426.85	3 087.44	5.613 5	1	3.968 3
1 055	107.58	778.168	1.414 8	0.251 996	1

附表 10 动力黏度单位换算表

Pa・s 帕[斯卡]秒	P 泊	cP 厘泊	lbf/(ft・s) 磅力每英尺秒	kgf・s/m² 千克力秒每平方米
1	10	1 000	0.672	0.102
0.1	1	100	0.672	0.010 2
1×10^{-3}	0.01	1	6.720×10^{-4}	0.102×10^{-2}
1.488 1	14.881	1 488.1	1	0.151 9
9.81	98.1	9 810	6.59	1

附表 11 运动黏度单位换算表

m²/s 平方米每秒	cm²/s 平方厘米每秒	m²/h 平方米每时	ft²/h 平方英尺每时
1	1×10^{4}	3 600	38 750
10^{-4}	1	0.36	3.875

m²/s 平方米每秒	cm²/s 平方厘米每秒	m²/h 平方米每时	ft²/h 平方英尺每时
2.788×10⁻⁴	2.788	1	10.76
2.581×10⁻⁵	2.581	0.092 90	1

附表 12　导热系数单位换算表

W/(m·℃)	J/(cm·s·℃)	cal/(cm·s·℃)	kcal/(cm·s·℃)	Btu/(ft·h·℉)
1	1×10⁻³	2.389×10⁻³	0.859 8	0.578
100	1	0.238 9	86.0	57.79
418.6	4.186	1	360	241.9
1.163	0.011 6	0.277 8×10⁻²	1	0.672 0
1.73	0.017 30	0.413 4×10⁻²	1.488	1

附录二　管子规格

1. 普通无缝钢管(热轧)规格(摘自 GB/T 8163—2018)

附表 13　普通无缝钢管(热轧)规格

外轻/mm	壁厚/mm		外轻/mm	壁厚/mm		外轻/mm	壁厚/mm	
	从	到		从	到		从	到
32	2.5	8	76	3.0	19	219	6.0	50
38	2.5	8	89	3.5	(24)	273	6.5	50
42	2.5	10	108	4.0	28	325	7.5	75
45	2.5	10	114	4.0	28	377	9.0	75
50	2.5	10	127	4.0	30	426	9.0	75
57	3.0	13	133	4.0	32	450	9.0	75
60	3.0	14	140	4.5	36	530	9.0	75
63.5	3.0	14	159	4.5	36	630	9.0	(24)
68	3.0	16	168	5.0	(45)	—	—	—

注:壁厚系列有 2.5 mm、3 mm、3.5 mm、4 mm、4.5 mm、5 mm、5.5 mm、6 mm、6.5 mm、7 mm、7.5 mm、8 mm、8.5 mm、9 mm、9.5 mm、10 mm、11 mm、12 mm、13 mm、14 mm、15 mm、16 mm、17 mm、18 mm、19 mm、20 mm 等;括号内尺寸不建议用。

2. 低压流体输送用焊接钢管规格(摘自 GB/T 3091—2015)

附表 14　低压流体输送用焊接钢管规格

公称直径		外径/mm	壁厚/mm		公称直径		外径/mm	壁厚/mm	
in(英寸)	mm		普通级	加强级	in(英寸)	mm		普通级	加强级
½	6	10.0	2.00	2.50	1¾	40	48.0	3.50	4.25
¼	8	13.5	2.25	2.75	2	50	60.0	3.50	4.50
⅜	10	17.0	2.25	2.75	2½	65	75.5	3.75	4.50
½	15	21.3	2.75	3.25	3	80	88.5	4.00	4.75
¾	20	26.8	2.75	3.60	4	100	114.0	4.00	5.00
1	25	33.5	3.25	4.00	5	125	140.0	4.50	5.50
1¼	32	42.3	3.25	4.00	6	150	165.0	4.50	5.50

注:1. 本标准适用于输送水、煤气、空气、油和取暖蒸汽等一般较低压力的液体。

2. 表中的公称直径是近似内径的名义尺寸,不表示外径减去两个壁厚所得的内径。

3. 1 in＝2.54 cm。

附录三　某些气体的重要物理性质表

附表 15　某些气体的重要物理性质表

名称	化学式	密度 (0℃,1 atm)/(kg·m⁻³)	比热容/(kJ·kg⁻¹·℃⁻¹)	黏度 μ/(10⁻⁵ Pa·s)	沸点 (1 atm) /℃	汽化热/(kJ·kg⁻¹)	临界点 温度/℃	临界点 压力/kPa	热导率/(W·m⁻¹·℃⁻¹)
空气	—	1.293	1.009 1	1.73	−195	197	−140.7	3 768.4	0.024 4
氧	O_2	1.429	0.653 2	2.03	−132.98	213	−118.82	5 036.6	0.024 0
氢	H_2	0.089 9	10.13	0.842	−252.75	454.2	−239.9	1 396.6	0.163
氨	NH_3	0.771	0.67	0.918	−33.4	1 373	132.4	11 295	0.021 5
一氧化碳	CO	1.250	0.754	1.66	−191.48	211	−140.2	3 497.9	0.022 6
二氧化碳	CO_2	1.976	0.653	1.37	−78.2	574	31.1	7 384.8	0.013 7
硫化氢	H_2S	1.539	0.804	1.166	−60.2	548	100.4	19 136	0.013 1
甲烷	CH_4	0.717	1.70	1.03	−161.58	511	−82.15	4 619.3	0.030 0
乙烷	C_2H_6	1.357	1.44	0.850	−88.5	486	32.1	4 948.5	0.018 0
丙烷	C_3H_8	2.020	1.65	0.795 (18℃)	−42.1	427	95.6	4 355.0	0.014 8
乙烯	C_2H_4	1.261	1.222	0.935	103.7	481	9.7	5 135.9	0.016 4
丙烯	C_3H_6	1.914	2.436	0.835 (20℃)	−47.7	440	91.4	4 599.0	—
乙炔	C_2H_2	1.171	1.352	0.935	−83.66 (升华)	829	35.7	6 240.0	0.018 4
一氯甲烷	CH_3Cl	2.303	0.582	0.989	−24.1	406	148	6 685.8	0.008 5
苯	C_6H_6	—	1.139	0.72	80.2	394	288.5	4 832.0	0.008 8
二氧化硫	SO_2	2.927	0.502	1.17	−10.8	394	157.5	7 879.1	0.007 7

附录四　干空气的物理性质表

附表 16　干空气的物理性质表(1.013 25×10⁵ Pa)

温度 $t/$ ℃	密度 $\rho/$ (kg·m⁻³)	比热容 $C_p/$ (kJ·kg⁻¹·℃⁻¹)	热导率 $\lambda/(10^{-2}$ W· m⁻¹·℃⁻¹)	黏度 $\mu/$ (10⁻⁵ Pa·s)	普朗特数 Pr
-10	1.342	1.009	2.360	1.67	0.712
0	1.293	1.005	2.442	1.72	0.707
10	1.247	1.005	2.512	1.77	0.705
20	1.205	1.005	2.593	1.81	0.703
30	1.165	1.005	2.675	1.86	0.701
40	1.128	1.005	2.756	1.91	0.699
50	1.093	1.005	2.826	1.96	0.698
60	1.060	1.005	2.896	2.01	0.696
70	1.029	1.009	2.966	2.06	0.694
80	1.000	1.009	3.047	2.11	0.692
90	0.972	1.009	3.128	2.15	0.690
100	0.946	1.009	3.210	2.19	0.688
120	0.898	1.009	3.338	2.29	0.686
140	0.854	1.013	3.489	2.37	0.684

附录五 饱和水蒸气表(按温度排列)

附表 17 饱和水蒸气表

温度/ °C	压力/ kPa	密度/ $(kg \cdot m^{-3})$	液体的焓/ $(kJ \cdot kg^{-1})$	蒸汽的焓/ $(kJ \cdot kg^{-1})$	汽化焓/ $(kJ \cdot kg^{-1})$
0	0.628 2	0.004 84	0.00	2 491.1	2 491.1
5	0.873 0	0.006 80	20.94	2 500.8	2 479.9
10	1.226 2	0.00 940	41.87	2 510.4	2 468.5
15	1.706 8	0.012 83	62.80	2 520.5	2 457.7
20	2.334 6	0.017 19	83.74	2 530.1	2 446.4
25	3.168 4	0.023 04	104.67	2 539.7	2 435.0
30	4.247 4	0.030 36	125.60	2 549.3	2 423.7
35	5.620 7	0.039 60	146.54	2 559.0	2 412.5
40	7.376 6	0.051 14	167.47	2 568.6	2 401.1
45	9.583 7	0.065 43	188.41	2 577.8	2 389.4
50	12.340 0	0.083 00	209.34	2 587.4	2 378.1
55	15.743 0	0.104 30	230.27	2 596.7	2 366.4
60	19.923 0	0.130 10	251.21	2 606.3	2 355.1
65	25.014 0	0.161 10	272.14	2 615.5	2 343.4
70	31.164 0	0.197 90	293.08	2 624.3	2 331.2
75	38.551 0	0.241 60	314.01	2 633.5	2 319.5
80	47.379 0	0.292 90	334.94	2 642.3	2 307.4
85	57.875 0	0.353 10	355.88	2 651.1	2 295.2
90	70.136 0	0.422 90	376.81	2 659.9	2 283.1
95	84.556 0	0.503 90	397.75	2 668.7	2 271.0
100	101.330 0	0.597 00	418.68	2 677.0	2 258.3
105	120.850 0	0.703 60	440.03	2 685.0	2 245.0
110	143.310 0	0.825 40	460.97	2 693.4	2 232.4
115	169.110 0	0.963 50	482.32	2 701.3	2 219.0
120	198.640 0	1.119 90	503.67	2 708.9	2 205.2

温度/ ℃	压力/ kPa	密度/ (kg・m^{-3})	液体的焓/ (kJ・kg^{-1})	蒸汽的焓/ (kJ・kg^{-1})	汽化焓/ (kJ・kg^{-1})
125	232.190 0	1.296 00	525.02	2 716.4	2 191.4
130	270.250 0	1.494 00	546.38	2 723.9	2 177.5
135	313.110 0	1.715 00	567.73	2 731.0	2 163.3
140	361.470 0	1.962 00	589.08	2 737.7	2 148.6
145	415.720 0	2.238 00	610.85	2 744.4	2 133.6
150	476.240 0	2.543 00	632.21	2 750.7	2 118.5

附录六　某些液体的重要物理性质

附表 18　某些液体的重要物理性质

名称	化学式	密度 (20℃) /(kg· m^{-3})	比热容 (20℃) /(kJ· kg^{-1}· ℃$^{-1}$)	黏度 μ (20℃)/ (mPa·s)	沸点 (1 atm) /℃	汽化热 (1 atm) /(kJ· kg^{-1})	热导率 (20℃)/ (W· m^{-1}· ℃$^{-1}$)	体积膨胀 系数 (20℃)/ (10^{-4}℃$^{-1}$)	表面张力 (20℃)/ (10^{-3}N· m^{-1})
水	H$_2$O	998	4.183	1.005	100	2 258	0.599	1.82	72.8
氯化钠 盐水 (25%)	—	1 186 (25℃)	3.39	2.3	107	—	0.57 (30℃)	−4.4	—
氯化钙 盐水 (25%)	—	1 228	2.89	2.5	107	—	0.57	−3.4	—
硫酸	H$_2$SO$_4$	1 831	1.47 (98%)	23	340 (分解)	—	0.38	5.7	—
硝酸	HNO$_3$	1 513	—	1.17 (10℃)	86	481.1	—	—	—
盐酸 (30%)	HCl	1 149	2.55	2 (31.5%)	—	—	0.42	—	—
二硫化碳	CS$_2$	1 262	1.005	0.38	46.3	352	0.16	12.1	32
戊烷	C$_5$H$_{12}$	626	2.24 (15.6℃)	0.229	36.07	357.4	0.113	15.9	16.2
三氯甲烷	CHCl$_3$	1 489	0.992	0.58	61.2	253.7	0.138 (30℃)	12.6	28.5 (10℃)
四氯化碳	CCl$_4$	1 594	0.850	1	76.8	195	0.12	—	26.8
1,2－二 氯乙烷	C$_2$H$_4$Cl$_2$	1 252	1 026	0.82	83.6	324	0.14 (50℃)		30.8
苯	C$_6$H$_6$	879	1.704	0.737	80.1	393.9	0.148	12.4	28.6
甲苯	C$_7$H$_8$	867	1.7	0.675	110.63	363	0.138	10.9	27.9
邻二甲苯	C$_8$H$_{10}$	880	1.74	0.811	144.42	347	0.142	—	30.2
间二甲苯	C$_8$H$_{10}$	864	1.7	0.611	139.1	343	0.167	0.1	29
对二甲苯	C$_8$H$_{10}$	861	1.704	0.643	138.35	340	0.129		28

名称	化学式	密度 (20℃) /(kg· m⁻³)	比热容 (20℃) /(kJ· kg⁻¹· ℃⁻¹)	黏度 μ (20℃)/ (mPa·s)	沸点 (1 atm) /℃	汽化热 (1 atm) /(kJ· kg⁻¹)	热导率 (20℃)/ (W· m⁻¹· ℃⁻¹)	体积膨胀 系数 (20℃)/ (10⁻⁴℃⁻¹)	表面张力 (20℃)/ (10⁻³N· m⁻¹)
苯乙烯	C_8H_9	911 (15.6℃)	1.733	0.72	145.2	—352	—	—	—
氯苯	C_6H_5Cl	1 106	1.298	0.85	131.8	325	0.14 (30℃)	—	32
硝基苯	$C_6H_5NO_2$	1 203	1.47	2.1	210.9	396	0.15	—	41
苯胺	$C_6H_5NH_2$	1 022	2.07	4.3	184.4	448	0.17	8.5	42.9
苯酚	C_6H_5OH	1 050 (50℃)	—	3.4 (50℃)	181.8	511	—	—	—
萘	$C_{10}H_8$	1 145 (固体)	1.8 (100℃)	0.59 (100℃)	217.9	314	—	—	—
甲醇	CH_3OH	791	2.48	0.6	64.7	1 101	0.212	12.2	22.6
乙醇	C_2H_5OH	789	2.39	1.15	78.3	846	0.172	11.6	22.8
乙醇 (95%)	—	804	—	1.4	78.2	—	—	—	—
乙二醇	$C_2H_4(OH)_2$	1 113	2.35	23	197.6	780	—	—	47.7
甘油	$C_3H_5(OH)_3$	1 261	—	1 499	290 (分解)	—	0.59	5.3	63
乙醚	$(C_2H_5)_2O$	714	2.34	0.24	34.6	360	0.14	16.3	18
乙醛	CH_3CHO	783 (18℃)	1.9	1.3 (18℃)	20.2	574	—	—	21.2
糠醛	$C_5H_4O_2$	1 168	1.6	1.15 (50℃)	161.7	452	—	—	43.5
丙酮	CH_3COCH_3	792	2.35	0.32	56.2	523	0.17	—	23.7
甲酸	$HCOOH$	1 220	2.17	1.9	100.7	494	0.26	—	27.8
醋酸	CH_3COOH	1 049	1.99	1.3	118.1	406	0.17	10.7	23.9
乙酸乙酯	$CH_3COOC_2H_5$	901	1.92	0.48	77.1	368	0.14 (10℃)	—	—
煤油	—	780～820	—	3	—	—	0.15	10	—
汽油	—	680～800	—	0.7～0.8	—	—	0.19 (30℃)	12.5	—

注:1 atm=101.325 kPa。

附录七　水的物理性质

附表 19　水的物理性质

温度 /℃	饱和蒸汽压/kPa	密度/ (kg·m⁻³)	焓/ (kJ·kg⁻¹)	比热容/ (kJ·kg⁻¹·℃⁻¹)	热导率/ (10⁻²W·m⁻¹·℃⁻¹)	黏度/ (10⁻⁵Pa·s)	体积膨胀系数/ (10⁻⁴℃⁻¹)	表面张力/ (10⁻³N·m⁻¹)	普朗特数 Pr
0	0.608 2	999.9	0	4.212	55.13	179.21	−0.63	75.6	13.66
10	1.226 2	999.7	42.04	4.191	57.45	130.77	0.70	74.1	9.52
20	2.334 6	998.2	83.90	4.183	59.89	100.50	1.82	72.6	7.01
30	4.247 4	995.7	125.69	4.174	61.76	80.07	3.21	71.2	5.42
40	7.374 4	992.2	167.51	4.174	63.38	65.60	3.87	69.6	4.32
50	12.34	988.1	209.30	4.174	64.78	54.94	4.49	67.7	3.54
60	19.923	983.2	251.12	4.178	65.94	46.88	5.11	66.2	2.98
70	31.164	977.8	292.99	4.187	66.76	40.61	5.70	64.3	2.54
80	47.379	971.8	334.94	4.195	67.45	35.65	6.32	62.6	2.22
90	70.136	965.3	376.98	4.208	68.04	31.65	6.95	60.7	1.96
100	101.33	958.4	419.10	4.220	68.27	28.38	7.52	58.8	1.76
110	143.31	951.0	461.34	4.238	68.50	25.89	8.08	56.9	1.61
120	198.64	943.1	503.67	4.260	68.62	23.73	8.64	54.8	1.47
130	270.25	934.8	546.38	4.266	68.62	21.77	9.17	52.8	1.36
140	361.47	926.1	589.08	4.287	68.50	20.10	9.72	50.7	1.26
150	476.24	917.0	632.20	4.312	68.38	18.63	10.3	48.6	1.18
160	618.28	907.4	675.33	4.346	68.27	17.36	10.7	46.6	1.11
170	792.59	897.3	719.29	4.379	67.92	16.28	11.3	45.3	1.05
180	1 003.5	886.9	763.25	4.417	67.45	15.30	11.9	42.3	1.00
190	1 255.6	876.0	807.63	4.460	66.99	14.42	12.6	40.0	0.96
206	1 554.77	863.0	852.43	4.505	66.29	13.63	13.3	37.7	0.93
210	1 917.72	852.8	897.65	4.555	65.48	13.04	14.1	35.4	0.91
220	2 320.88	840.3	943.70	4.614	64.55	12.46	14.8	33.1	0.89
230	2 798.59	827.3	990.18	4.681	63.73	11.97	15.9	31	0.88
240	3 347.91	813.6	1 037.49	4.756	62.80	11.47	16.8	28.5	0.87

附录八　某些固体的热导率

1. 常用金属的热导率

附表 20　常用金属的热导率

热导率/ $(W \cdot m^{-1} \cdot ℃^{-1})$	温度/℃				
	0	100	200	300	400
铝	277.95	227.95	227.95	227.95	227.95
铜	383.79	379.14	372.16	367.51	362.86
铁	73.27	67.45	61.64	54.66	48.85
碳钢	52.34	48.85	44.19	41.87	34.89
不锈钢	16.28	17.45	17.45	18.49	—

2. 常用非金属的热导率

附表 21　常用非金属的热导率

材料	温度/℃	热导率 λ/$(W \cdot m^{-1} \cdot ℃^{-1})$	材料	温度/℃	热导率 λ/$(W \cdot m^{-1} \cdot ℃^{-1})$
软木	30	0.043 03	石棉	0～100	0.15
玻璃棉	—	0.034 89～0.069 78	建筑砖	20	0.69
锯屑	20	0.046 52～0.058 15	保温砖	0～100	0.383 8
棉花	100	0.069 78	耐火砖	230	0.872 3
厚纸	20	0.013 69～0.348 9		1 200	1.639 8
玻璃	30	1.093 2	混凝土	—	1.279 3
	−20	0.756 0	聚氯乙烯	—	0.116 3～0.174 5
泥土	20	0.698 7～0.930 4	聚苯乙烯泡沫	25	0.041 87
冰	0	2.326		150	0.001 745
软橡胶	—	0.129 1～0.159 3	聚乙烯	—	0.329 1
硬橡胶	0	0.150 0	泡沫塑料	—	0.046 52
石墨	—	139.56	聚氯乙烯	—	0.116 3～0.174 5

附录九　某些液体的热导率

附表 22　某些液体的热导率

液体		温度 t/℃	热导率 λ/(W·m⁻¹·℃⁻¹)	液体		温度 t/℃	热导率 λ/(W·m⁻¹·℃⁻¹)
乙酸	100%	20	0.171	氯化钙盐	30%	30	0.55
	50%	20	0.35		15%	30	0.59
甲醇	100%	20	0.215	氯化钾	15%	32	0.58
	80%	20	0.267		30%	32	0.56
	60%	20	0.329	氢氧化钾	21%	32	0.58
	40%	20	0.405		42%	32	0.55
	20%	20	0.492	氨	—	25～30	0.50
	100%	50	0.197				
乙醇	100%	20	0.182	氨水溶液	—	20	0.45
	80%	20	0.237		—	60	0.50
	60%	20	0.305	盐酸	12.5%	32	0.52
	40%	20	0.388		25%	32	0.48
	20%	20	0.486		38%	32	0.44
	100%	50	0.151	四氯化碳		0	0.185
丙烯醇		25～30	0.180			68	0.163
正丙醇		30	0.171	苯		30	0.159
正丁醇		30	0.168			60	0.151
丙酮		30	0.177	苯胺		0～20	0.173
		75	0.164	乙苯		30	0.149
石油		20	0.180			60	0.142
汽油		30	0.135	正戊烷		30	0.135
						75	0.128

附录十　某些气体的热导率

附表 23　某些气体的热导率

气体或蒸汽	温度 $t/$ K	热导率 $\lambda/($W· $m^{-1}·℃^{-1})$	气体或蒸汽	温度 $t/$ K	热导率 $\lambda/($W· $m^{-1}·℃^{-1})$
空气	273	0.024 2	甲烷	223	0.025 1
	373	0.031 7		273	0.030 2
氨	213	0.016 4		373	0.037 2
	273	0.022 2	乙烷	239	0.014 9
	323	0.027 2		273	0.018 3
	373	0.032 0		323	0.030 3
二氧化碳	223	0.011 8	丙烷	273	0.015 1
	273	0.014 7		373	0.026 1
	373	0.023 0	正丁烷	273	0.013 5
二硫化碳	273	0.006 9		373	0.023 4
一氧化碳	84	0.007 1	正戊烷	273	0.012 8
	94	0.008 0		293	0.014 4
	273	0.023 4	乙烯	202	0.011 1
四氯化碳	319	0.007 1		273	0.017 5
	373	0.009 0		323	0.026 7
氯	273	0.007 4	乙炔	198	0.011 8
水蒸气	319	0.020 8		273	0.018 7
	373	0.023 7		323	0.024 2
二氧化硫	273	0.008 7		373	0.029 8
	373	0.011 4	甲醇	273	0.014 4
氢	223	0.144		373	0.022 2
	273	0.173	乙醇	293	0.015 4
	323	0.199		373	0.021 5
	373	0.223	丙酮	273	0.009 8

续　表

气体或蒸汽	温度 $t/$ K	热导率 $\lambda/(W \cdot m^{-1} \cdot ℃^{-1})$	气体或蒸汽	温度 $t/$ K	热导率 $\lambda/(W \cdot m^{-1} \cdot ℃^{-1})$
氧	223	0.020 6	丙酮	319	0.012 8
	273	0.024 6		373	0.017 1
	323	0.028 4	乙醚	273	0.013 3
	373	0.082 1		319	0.017 1
硫化氢	273	0.013 2		373	0.022 7
苯	273	0.009 0	氧甲烷	273	0.006 7
	319	0.012 6		319	0.008 5
	373	0.017 8		373	0.010 9

附录十一　　液体黏度共线图

附表 24　液体黏度共线图的坐标

序号	名称	X	Y	序号	名称	X	Y
1	水	10.2	13.0	16	乙苯	13.2	11.5
2	盐水(25%NaCl)	10.2	16.6	17	氯苯	12.3	12.4
3	盐水(25%CaCl$_2$)	6.6	15.9	18	硝基苯	10.6	16.2
4	氨	12.6	2.2	19	苯胺	8.1	18.7
5	氨水(26%)	10.1	13.9	20	苯	12.5	10.9
6	二氧化碳	11.6	0.3	21	甲苯	13.7	10.4
7	二硫化碳	16.1	7.5	22	甲醇(90%)	12.3	11.8
8	硫酸(98%)	7.0	24.8	23	甲醇(40%)	7.8	15.5
9	硫酸(60%)	10.2	21.3	24	乙醇(95%)	9.8	14.3
10	硝酸(95%)	12.8	13.8	25	乙二醇	6.0	23.6
11	硝酸(60%)	10.8	17.0	26	丙酮	14.5	7.2
12	盐酸(31.5%)	13.0	16.6	27	乙酸(100%)	12.1	14.2
13	戊烷	14.9	5.2	28	乙酸(70%)	9.5	17.0
14	己烷	14.7	7.0	29	乙酸乙酯	13.7	9.1
15	三氯甲烷	14.4	10.2	30	煤油	10.2	16.9

注:要求苯在 50℃时的黏度,则从本表序号 20 查得苯的 $X=12.5$,$Y=10.9$。把这两个数值标在后页共线图(附图 1)的 $X-Y$ 坐标上得一点,把这点与图中左边温度标尺上 50℃的点连成一直线,延长,与右边黏度标尺相交,由交点定出 50℃苯的黏度为 0.42 mPa·s。

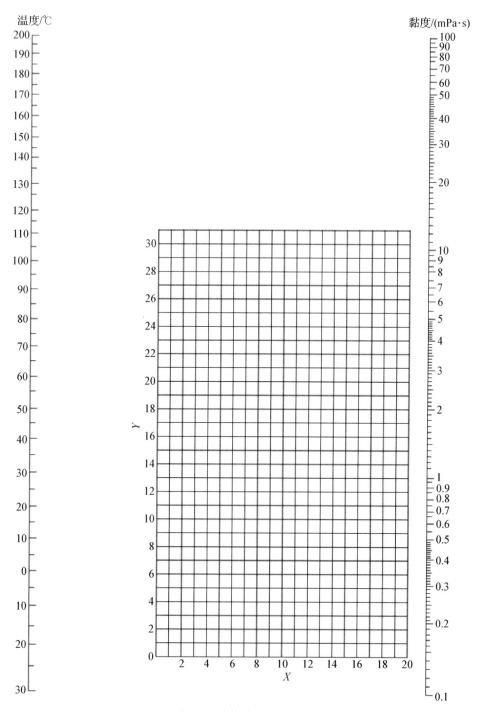

附图1　液体黏度共线图

附录十二 气体黏度共线图

附表 25 气体黏度共线图的坐标

序号	名称	X	Y	序号	名称	X	Y
1	空气	11.0	20.0	18	甲烷	9.9	15.5
2	氧	11.0	21.3	19	乙烷	9.1	14.5
3	氮	10.6	20.0	20	乙烯	9.5	15.1
4	氢	11.2	12.4	21	乙炔	9.8	14.9
5	$3H_2+1N_2$	11.2	17.2	22	丙烷	9.7	12.9
6	水蒸气	8.0	16.0	23	丙烯	9.0	13.8
7	二氧化碳	9.5	18.7	24	丁烯	9.2	13.7
8	一氧化碳	11.0	20.0	25	丁炔	8.9	13.0
9	硫化氢	8.6	18.0	26	戊烷	7.0	12.8
10	二氧化硫	9.6	17.0	27	环己烷	9.2	12.0
11	二硫化碳	8.0	16.0	28	三氯甲烷	8.9	15.7
12	氯	9.0	18.4	29	苯	8.5	13.2
13	碘	9.0	18.4	30	甲苯	8.6	12.4
14	氯化氢	8.8	18.7	31	甲醇	8.5	15.6
15	氰	9.2	15.2	32	乙醇	9.2	14.2
16	亚硝酸氯	8.0	17.6	33	乙酸	7.7	14.3
17	汞	5.3	22.9	34	丙酮	8.9	13.0

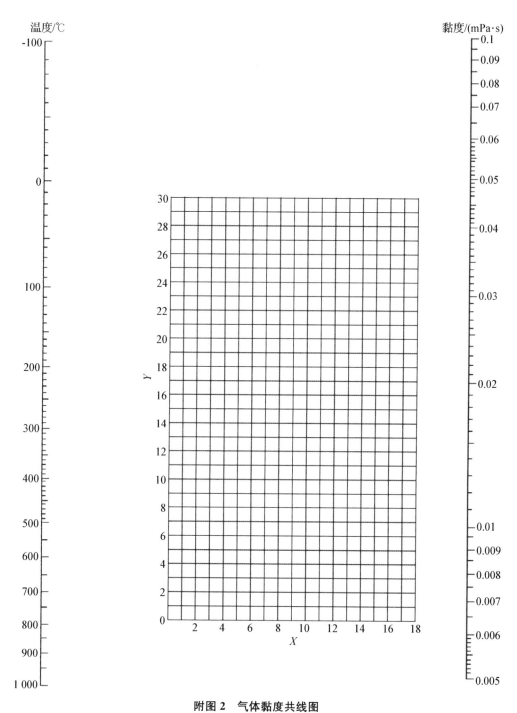

附图 2　气体黏度共线图

附录十三　液体的比热容共线图

附表 26　液体比热容共线图中的编号表

编号	名称	温度范围/℃	编号	名称	温度范围/℃
53	水	10～200	30	苯胺	0～130
42	乙醇(100%)	30～80	8	氯苯	0～100
46	乙醇(95%)	20～80	32	丙酮	20～50
50	乙醇(50%)	20～80	47	异丙醇	20～50
23	苯	10～80	36	乙醚	−100～25
23	甲苯	0～60	29	乙酸	0～80
25	乙苯	0～100	39	乙二醇	−40～200
12	硝基苯	0～100	27	苯甲醇	−20～30
13	氯乙烷	−30～40	44	丁醇	0～100
13A	氯甲烷	−80～20	45	丙醇	−20～100
40	甲醇	−40～20	37	戊醇	−50～25
2	二氧化碳	−100～25	24	乙酸乙酯	−50～25
11	二氧化硫	−20～100	22	二苯基甲烷	30～100
9	硫酸(98%)	10～45	35	己烷	−80～20
48	盐酸(30%)	20～100	28	庚烷	0～60
49	盐水(25%CaCl$_2$)	−40～20	3	四氯化碳	10～60
51	盐水(25%NaCl)	−40～20	4	三氯甲烷	0～50
52	氨	−70～50	5	二氯甲烷	−40～50
38	甘油	−40～20	6A	二氯乙烷	−30～60

注:求丙醇在47℃(320 K)时的比热容,则从本表找到丙醇的编号为45,通过附图3中标号45的圆圈与图中左边温度标尺上320 K的点连成直线并延长,与右边比热容标尺相交,由此交点定出320 K丙醇的比热容为2.71 kJ/(kg・K)。

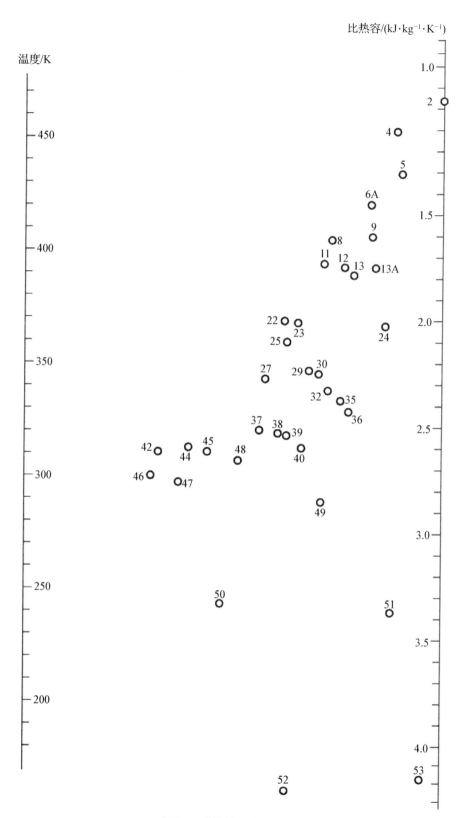

附图3 液体的比热容共线图

附录十四 气体的比热容共线图

附表27 气体比热容共线图中的编号表 　　　　(1.013 25×10⁵ Pa)

编号	名称	温度范围/℃	编号	名称	温度范围/℃
10	乙炔	273～473	1	氢	273～873
15	乙炔	473～673	2	氢	873～1 673
16	乙炔	673～1 673	35	溴化氢	273～1 673
27	空气	273～1 673	30	氯化氢	273～1 673
12	氨	273～873	20	氟化氢	273～1 673
14	氨	873～1 673	19	硫化氢	273～973
18	二氧化碳	273～673	21	硫化氢	973～1 673
24	二氧化碳	673～1 673	5	甲烷	273～573
26	一氧化碳	273～1 673	6	甲烷	573～973
32	氯	273～473	7	甲烷	973～1 673
34	氯	473～1 673	25	一氧化氮	273～973
3	乙烷	273～473	28	一氧化氮	973～1 673
9	乙烷	473～873	26	氮	273～1 673
8	乙烷	873～1 673	23	氧	273～773
4	乙烯	273～473	29	氧	773～1 673
11	乙烯	473～873	33	硫	573～1 673
13	乙烯	873～1 673	22	二氧化硫	273～673
17	水	273～1 673	31	二氧化硫	673～1 673

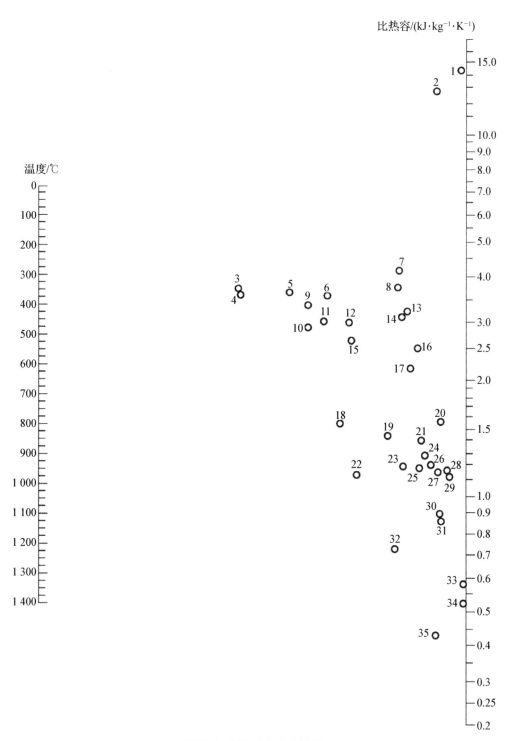

附图4　气体比热容共线图

附录十五　几种气体溶于水时的亨利系数

附表 28　几种气体溶于水时的亨利系数

气体	温度/℃															
	0	5	10	15	20	25	30	35	40	45	50	60	70	80	90	100
	$E\times10^{-3}$/MPa															
H_2	5.87	6.16	6.44	6.70	6.92	7.16	7.38	7.52	7.61	7.70	7.75	7.75	7.71	7.65	7.61	7.55
N_2	5.36	6.05	6.77	7.48	8.14	8.76	9.36	9.98	10.5	11.0	11.4	12.2	12.7	12.8	12.8	12.8
空气	4.38	4.94	5.56	6.15	6.73	7.29	7.81	8.34	8.81	9.23	9.58	10.2	10.6	10.8	10.9	10.8
CO	3.57	4.01	4.48	4.95	5.43	5.87	6.28	6.68	7.05	7.38	7.71	8.32	8.56	8.56	8.57	8.57
O_2	2.58	2.95	3.31	3.69	4.06	4.44	4.81	5.14	5.42	5.70	5.96	6.37	6.72	6.96	7.08	7.10
CH_4	2.27	2.62	3.01	3.41	3.81	4.18	4.55	4.92	5.27	5.58	5.85	6.34	6.75	6.91	7.01	7.10
	$E\times10^{-2}$/MPa															
C_2H_4	5.59	6.61	7.78	9.07	10.3	11.5	12.9	—	—	—	—	—	—	—	—	—
CO_2	0.737	0.887	1.05	1.24	1.44	1.66	1.88	2.12	2.36	2.60	2.87	3.45	—	—	—	—
C_2H_2	0.729	0.85	0.97	1.09	1.23	1.35	1.48	—	—	—	—	—	—	—	—	—
Cl_2	0.271	0.334	0.399	0.461	0.537	0.604	0.67	0.739	0.80	0.86	0.90	0.97	0.99	0.97	0.96	—
H_2S	0.271	0.319	0.372	0.418	0.489	0.522	0.617	0.685	0.755	0.825	0.895	1.04	1.21	1.37	1.46	1.062
	E/MPa															
Br_2	2.16	2.79	3.71	4.72	6.01	7.47	9.17	11.04	13.47	16.0	19.4	25.4	32.5	40.9	—	—
SO_2	1.67	2.02	2.45	2.94	3.55	4.13	4.85	5.67	6.60	7.63	8.71	11.1	13.9	17.0	20.1	—

附录十六　常用离心泵的规格（摘录）

1. IS 型单级单吸离心泵的规格

附表 29　IS 型单级单吸离心泵的规格

型号	流量/ (m³·h⁻¹)	扬程/ m	转速/ (r·min⁻¹)	汽蚀余量/ m	泵效率	功率/kW		泵口径/mm	
						轴功率	配带功率	吸入	排出
IS 50 - 32 - 125	7.5 12.5 15	20	2 900	2.0	60%	1.13	2.2	50	32
IS 50 - 32 - 160	7.5 12.5 15	32	2 900	2.0	54%	2.02	3	50	32
IS 65 - 50 - 125	15 25 30	20	2 900	2.0	69%	1.97	3	65	50
IS 65 - 50 - 160	15 25 30	35 32 30	2 900	2.0 2.0 2.5	54% 65% 66%	2.65 3.35 3.71	5.5	65	50
IS 80 - 65 - 160	30 50 60	36 32 29	2 900	2.5 2.5 3.0	61% 73% 72%	4.82 5.97 6.59	7.5	80	65
IS 80 - 50 - 200	30 50 60	53 50 47	2 900	2.5 2.5 3.0	55% 69% 71%	7.87 9.87 10.8	15	80	50
IS 100 - 80 - 160	60 100 120	36 32 28	2 900	3.5 4.0 5.0	70% 78% 75%	8.42 11.2 12.2	15	100	80
IS 100 - 65 - 200	60 100 120	54 50 47	2 900	3.0 3.6 4.8	65% 76% 77%	13.6 17.9 19.9	22	100	65

2. Sh 型单级双吸离心泵的规格

附表 30　Sh 型单级双吸离心泵的规格

型号	流量/ (m³·h⁻¹)	扬程/ m	转速/ (r·min⁻¹)	汽蚀余量/m	泵效率	功率/kW 轴功率	功率/kW 配带功率	泵口径/mm 吸入	泵口径/mm 排出
100S90	60 80 95	95 90 82	2 950	2.5	61% 65% 63%	23.9 28 31.2	37	100	70
150S100	126 160 202	102 100 90	2 950	3.5	70% 73% 72%	48.8 55.9 62.7	75	150	100
150S78	126 160 198	84 78 70	2 950	3.5	72% 75.5% 72%	40 46 52.4	55	150	100
150S50	130 160 220	52 50 40	2 950	3.9	72.0% 80% 77%	25.4 27.6 27.2	37	150	100
200S95	216 280 324	103 95 85	2 950	5.3	62% 79.2% 72%	86 94.4 96.6	132	200	125
200S63	216 280 351	69 63 50	2 950	5.8	74% 82.7% 72%	55.1 59.4 67.8	75	200	150
200S42	216 280 342	48 42 35	2 950	6	81% 84.2% 81%	34.8 37.8 40.2	45	200	150

3. D 型节段式多级离心泵的规格

附表 31　D 型节段式多级离心泵的规格

型号	流量/ (m³·h⁻¹)	扬程/ m	转速/ (r·min⁻¹)	汽蚀余量/ m	泵效率	功率/kW 轴功率	功率/kW 配带功率	泵口径/mm 吸入	泵口径/mm 排出
D6 - 25×3	3.75 6.3 7.5	76.5 75 73.5	2 950	2 2 2.5	33% 45% 47%	2.37 2.86 3.19	5.5	40	40
D6 - 25×4	3.75 6.3 7.5	102 100 98	2 950	2 2 2.5	33% 45% 47%	3.16 3.81 4.26	7.5	40	40
D12 - 25×2	12.5	50	2 950	2.0	54%	3.15	5.5	50	40
D12 - 25×3	7.5 12.5 15.0	84.6 75 69	2 950	2 2 2.5	44% 54% 53%	3.93 4.73 5.32	7.5	50	40

型号	流量/ (m³· h⁻¹)	扬程/ m	转速/ (r· min⁻¹)	汽蚀余量/ m	泵效率	功率/kW		泵口径/mm	
						轴功率	配带功率	吸入	排出
D12－25×4	7.5 12.5 15.0	112.8 100 92	2 950	2 2 2.5	44% 54% 53%	5.24 6.30 7.09	11	50	40
D12－50×2	12.5	100	2 950	2.8	40%	8.5	11	50	50
D12－50×3	12.5	150	2 950	2.8	40%	12.75	18.5	50	50
D12－50×4	12.5	200	2 950	2.8	40%	17	22	50	50
D16－60×3	10 16 20	186 183 177	2 950	2.3 2.8 3.4	30% 40% 44%	16.9 19.9 21.9	22	65	50
D16－60×4	10 16 20	248 244 236	2 950	2.3 2.8 3.4	30% 40% 44%	22.5 26.6 29.2	37	65	50

4. F型耐腐蚀离心泵的规格

附表32　F型耐腐蚀离心泵的规格

型号	流量/ (m³· h⁻¹)	扬程 /m	转速/(r· min⁻¹)	汽蚀 余量/m	泵效率	功率/kW		泵口径/mm	
						轴功率	配带功率	吸入	排出
25F－16	3.60	16.00	2 960	4.30	30%	0.523	0.75	25	25
25F－25	3.60	25.00	2 960	4.30	27%	0.91	1.50	25	25
25F－41	3.60	41.00	2 960	4.30	20%	2.01	3.00	25	25
40F－16	7.20	15.70	2 960	4.30	48%	0.63	1.10	40	25
40F－26	7.20	25.50	2 960	4.30	44%	1.14	1.50	40	25
40F－40	7.20	39.50	2 960	4.30	35%	2.21	3.00	40	25
40F－65	7.20	65.00	2 960	4.30	24%	5.92	7.50	40	25
50F－103	14.4	103.00	2 900	4	25%	16.2	18.5	50	40
50F－63	14.4	63.00	2 900	4	35%	7.06	—	50	40
50F－40	14.4	40.00	2 900	4	44%	3.57	7.5	50	40
50F－25	14.4	25.00	2 900	4	52%	1.89	5.5	50	40
50F－16	14.4	15.70	2 900	4	62%	0.99	—	50	40
65F－100	28.8	100.00	2 900	4	40%	19.6	—	65	50
65F－64	28.8	64.00	2 900	4	57%	9.65	15	65	50

5. Y 型离心油泵的规格

附表 33　Y 型离心油泵的规格

型号	流量/ (m³·h⁻¹)	扬程/ m	转速/ (r· min⁻¹)	汽蚀余量/m	泵效率	功率/kW		泵口径/mm	
						轴功率	配带功率	吸入	排出
50Y60	7.5 13.0 15.0	71 67 64	2 950	2.7 2.9 3.0	29% 38% 40%	5.00 6.24 6.55	7.5	50	40
65Y60	15 25 30	67 60 55	2 950	2.4 3.05 3.5	41% 50% 57%	6.68 8.18 8.90	11	65	50
65Y100	15 25 30	115 110 104	2 950	3.0 3.2 3.4	32% 40% 42%	14.7 18.8 20.2	22	65	50
80Y100	30 50 60	110 100 90	2 950	2.8 3.1 3.2	42.5% 51% 52.5%	21.1 26.6 28.0	37	80	65
100Y60	60 100 120	67 63 59	2 950	3.3 4.1 4.8	58% 70% 71%	18.85 24.5 27.7	30	100	80

参考文献

[1] 冷士良,陆清,宋志轩.化工单元操作技术及设备[M].3 版.北京:化学工业出版社,2022.

[2] 姚小平.化工单元操作技术[M].北京:化学工业出版社,2020.

[3] 黄徽,周杰.化工单元操作技术[M].2 版.北京:化学工业出版社,2015.

[4] 王欣,陈庆,葛彩霞.化工单元操作[M].北京:化学工业出版社,2022.

[5] 陈桂娥,俞俊,顾静芳,等.化工单元操作技术[M].2 版.北京:化学工业出版社,2022.

[6] 彭德萍,陈忠林.化工单元操作技术及过程[M].北京:化学工业出版社,2014.

[7] 何景连,程忠玲.化工单元操作技术:富媒体[M].2 版.北京:石油工业出版社,2018.

[8] 何灏彦,刘绚艳,禹练英.化工单元操作[M].3 版.北京:化学工业出版社,2020.

[9] 饶珍.化工单元操作技术[M].北京:中国轻工业出版社,2017.

[10] 袁渭康,王静康,费维扬,等.化学工程手册[M].3 版.北京:化学工业出版社,2019.

[11] 华平,朱平华.化工原理[M].2 版.南京:南京大学出版社,2020.

[12] 聂莉莎,魏翠娥.化工单元操作[M].北京:化学工业出版社,2019.